没关系，我们都有点小怪

张昕 夏白鹿 著

中信出版集团｜北京

图书在版编目（CIP）数据

没关系，我们都有点怪 / 张昕，夏白鹿著 . -- 北京：
中信出版社，2023.9
ISBN 978-7-5217-5273-1

Ⅰ . ①没… Ⅱ . ①张… ②夏… Ⅲ . ①心理学－通俗
读物 Ⅳ . ① B84-49

中国国家版本馆 CIP 数据核字（2023）第 138345 号

没关系，我们都有点怪
著者：　　张　昕　夏白鹿
出版发行：中信出版集团股份有限公司
　　　　（北京市朝阳区东三环北路 27 号嘉铭中心　邮编　100020）
承印者：中煤（北京）印务有限公司

开本：880mm×1230mm　1/32　　印张：11.5　　字数：216 千字
版次：2023 年 9 月第 1 版　　印次：2023 年 9 月第 1 次印刷
书号：ISBN 978-7-5217-5273-1
定价：59.00 元

赞誉 ①

　　这本书基于科学心理学知识，用真诚而平实的语言与读者一起进行了一次特殊的心灵之旅。每个人的人生都有自己看重的追寻，但是，我们很少给自己留一些时间去悦纳自我。我们有时候很难接受自己"不如人"的地方，尤其是在别人眼里有些"怪"的那部分个体化差异。这本书首先让我们认识到了这个我们容易忽略自己的地方，并引导我们深入认识自我。世界因为"差异"所以美丽，不是吗？

——钟杰，国际精神分析协会认证精神分析师，

北京大学心理与认知科学学院副教授、博导

　　我是张昕、白鹿老师公众号的读者，一直很喜欢他们的文章。两位作者写的东西，一方面是内容本身够"硬"，讲科学，以实证研究为依据；另一方面是情感内核够"软"，他们用温柔的心对待读者，用共情、关爱的态度将心理学知识娓娓道来，让人既得到自我接纳的宽慰，又保持自我提升的动力。归根到底，心理学是要帮助人的。我们每个人都有点怪，但是没关系，这本书总有可以帮到你的地方。

——赵昱鲲，清华大学社会科学院积极心理学研究中心副主任

　　这本书由我的同事兼好友，北京大学心理与认知科学学院副教授张昕与其夫人夏白鹿共同撰写而成，也是他们多年来进行心理学科普的集大成之作。科学是我唯一的评判标准，也是他们这本书的准绳。他们擅长以一种引人入

---

① 赞誉内容排名不分先后。

胜的方式，用科学心理学知识为大家梳理日常会遇到的心理困惑，陪伴大家度过艰难的时期。无论是情绪问题、情感纠结、职场与生活的平衡还是个人成长和自我疗愈，他们都能够给予我们实用而贴心的心理学解释。

——魏坤琳，北京大学心理与认知科学学院教授、博导

现代社会是一个分工复杂的庞大系统，追求效率与功用，强调流程与标准，并以理性的话语对身处其中的个体进行着无所不在的规训。于是乎，现代人一方面得到了现代文明有关个体意志无限伸张的承诺，另一方面又会成为"困在系统中的人"。这样一种人的存在境况往往以包括各种心理疾病在内的人的"非常态"出现。这本书就是围绕这些人的"非常态"展开，它既不晦涩，也不枯燥，而是带你了解这些非常态的原因、表现与应对方法。它是你身边的一位朋友，让你不盲从地放松下来，平静愉悦地看待自我与世界。

——孟庆延，中国政法大学社会学院副教授、博导

这本书体现了张昕老师的学术造诣和生活经验。读这本书，可以领略专业的心理学者在生活中如何理解自我，认同自我，发展自我，对于读者建立自己人生的坐标大有裨益。

——李松蔚，心理咨询师

这本书用最明白的方式讲清心理问题机制，并直接给出有效解决之道，你可以把它当成一本内心的说明书，直接使用这些纠正方法和疗愈方法。

这更是一本通过对自我和他人之理解而写就的"自我接纳之书"。北大心理学副教授张昕和他的妻子、合著者夏白鹿以专业知识和自身经验讲解：我们都可以继续完成自我成长，都可以挣脱内在的黑暗和外来的邪恶控制，都可以建立美好的关系，都可以"有点怪"而幸福合理地生活。

我们现代人是因为一些问题的明白而受苦的，摆脱苦的途径，也只有阅读这些明白的常识和道理，变得更明白。

——贾行家，作家

学了十几年心理学，经常被问的就是"心理学有什么用"。张昕、夏白鹿这本书给出了非常生动和丰富的答案。两位作者把科学心理学对人类行为、想法和感受的洞察，带到了自己每一天的日常生活中。这些场景，也许你同样经历过，但你可能不知道，每个场景都有心理学家研究过，已经找到了一些关于人"为什么，以及怎么做"的规律。

这本书也让我回想起自己过往的一些"啊哈"时刻，当在科学研究中找到有关自己困惑的解释时，会有既清醒又轻松的感觉。科学事实并不会增加焦虑，而且往往是友善的，这些信息常让我感到幸运。我期待这本书能把这份幸运传递给你。

——郭婷婷，暂停实验室创始人

焦虑郁闷时，总盼着能有个什么方法帮我冲破迷雾、豁然开朗。这本书里就藏着不少能让人豁然开朗的秘诀。相信一定会有人边读边忍不住默默感叹："啊，我有救了！我有救了！"

——东东枪，创意工作者

每次手机来电话，哪怕知道是朋友打来的，我都会迅速按掉；遇到熟人，总会想办法躲开；如果碰上，就会不自主地哈哈大笑。我一直有点自卑于这种"人格缺陷"，直到看到这本书，我才明白：没关系，我们都有点怪。

现代心理学的根基是建构在生理学、数学统计上的，是一种严谨的科学体系。科班出身的张昕与有着丰富媒体经验的夏白鹿配合，把心理学的前沿看法用通俗的语言娓娓道来，让一直不能与世界和解的我们，转而跟自己和解，让我们明白，天大地大，人亦大，每个人都是心灵宇宙不同的星星。这本书告诉我们，所谓的"善"和"恶"，不过是一棵树上的两粒果子、一枚硬币的正反面，只要你愿意，它便会从 involve（交织）变为 evolve（进化），乃至于 revolve（循环）。我们和张、夏两位老师一起，重新认识比世界还大的自己。

——安森垚，百万粉丝科普博主

目录

别怕，

我们都是"奇怪"的人

1

人生大事记：

人得修罗场，心有桃花源

2

日常生活中的怪诞：
不易察觉的心理角落

3

疗愈与自洽：

被接纳的我才是完整的我

4

活出真实而多彩的人生

魏坤琳

北京大学心理与认知科学学院教授

在喧嚣而忙碌的时代，年轻人卷不动也躺不平，生活被折叠在一日又一日的重复里，他们开始追问关于焦虑、疲倦、虚无的解法。我们时常感觉背负着来自内心和外界的巨大压力，自我被压抑着。我们希望自己不被落下，常常努力维持着那个所谓的"正常"的人设，隐藏自己不那么"合时宜"的一面，试图符合外界对我们的期望。

人本主义心理学大师罗杰斯认为，"改变建立在全然的自我接纳之上"。我们想要打破现在的困局，可以先从自己出发，找到一个出口。其实，要实现真正的转变，最重要的是要看到并接受自己原本的样子，勇敢地面对内心的声音。恐惧也好，焦虑也罢，当面对铺天盖地的精神压力和情绪问题时，放下自我批判，接纳发生的一切，安抚好自己。就像这本书的书名一样，没关系，我们都有点怪。接受这样的自己，别怕，我们都是"奇怪"的人。

我非常高兴向大家推荐这本令人耳目一新的书。

这本书由我的同事兼好友、北京大学心理与认知科学学院副教授张昕与其夫人夏白鹿共同撰写而成，也是他们多年来进行心理学科普的集大成之作。科学是我唯一的评判标准，也是他们这本书的准绳。他们擅长以一种引人入胜的方式，用科学心理学的知识为大家梳理日常生活中会遇到的困惑，陪伴大家度过艰难的时期。无论是情绪问题、情感纠结、职场与生活的平衡，还是个人成长和自我疗愈，他们都能够给予我们实用而贴心的心理学解释。

他们还分享了自己真实的经历，向我们展示了接纳自我的重要性。正如他们所言："没关系，我们都有点怪。"这句简短的话语道出了我们每个人的独特之处，也引导我们去探索自己那些不易察觉的心理角落，并在那里找到力量，进而促进真正的改变。

我相信读完这本书，你会像作者在后记里说的那样钻出了某个牛角尖，将学会放过自己，并从容面对生活中的各种挑战。

很多人不知道一个事实：几乎所有能想到、会碰到的问题，都被科学家探索过、研究过，甚至结论过。包括我们对生活的迷茫、对改变的渴求、对找寻自我的探索，在过去、现在和未来，都被科学家（特别是心理学家）所研究。你手上的这本书是这方面种种问题的一个接地气的解读。我更希望它能成为你的一本心理学指南，一本人生治愈手册。在这里，你将找到属于自己的那一份平静与力量。

每个人都是独一无二的，每个人都有自己的独特可爱之处。

祝你活出真实而多彩的人生。

就这么千疮百孔地活着

贾行家

作家

我们的拖延症是有办法治的，对策之一是"积极拖延法"。

加拿大卡尔加里大学的皮尔斯·斯蒂尔等心理学家提出过一套用来分析拖延的时间动机理论（TMT）模型：任务效用会受到个体的期望、实现的时间节点以及个体对延迟的敏感性等因素的影响。在这个模型里，个人对任务的价值评判会变动，那个被拖延的大任务的"死线"越近，越会把其他相对小的任务衬托得轻松乃至可爱。

国内有位心理学家据此提出了"积极拖延法"：不回避问题，用迂回的方式解决问题。比如，现在拖着不想完成的大任务是写论文，他会去回复邮件、交水电费、洗碗、跑步，和写论文比起来，这些事儿变得可爱起来，成了减压放松的游戏。

确实如此，我也是只有在写稿前才会爱刷碗。

那论文怎么办呢？拖到不能再拖的时候，终究还是会写的。作为一个负责的人，他只能拖，最后还是会如期完成。所以，能让自己感觉更好的方法就是用曲线迂回的方式，把这段必经的拖延时间用来做平常也在被拖延的小任务。

这是"积极拖延"，是相对于把等待时间用来刷剧、打游戏的"消极拖延"来说的，因为那根本也玩得不踏实。

这位用专业知识重塑拖延症的心理学家是北京大学心理与认知科学学院的副教授张昕。你要是想学这类借力打力的办法，这本书里起码还有几十个。不过，我要先分享一下张昕、夏白鹿两位作者带给我们的最大的一个帮助，就是书名的这句话："没关系，我们都有点怪。"

有句不带脏字的骂人话是"你有病吧？"，回骂也分积极和消极两种：积极的是"你才有病呢，你们全家都有病"；消极的是笑嘻嘻地反问"我有病，你有药吗？"。

这三句话在字面上都没说错。就像张昕解读常见的两种社交表现——社恐和社牛时说，其实它们是同一根藤上结的两个瓜，都源于一个人对自己的不自信。社恐者害怕别人发现自己做得不对或者不够好，所以希望别人不要关注自己；社牛者害怕别人不认可自己，所以卖力表现，以获取他人的关注。这两种类型在某些条件下还会互相转化，比如小时候是社牛，结果因为热情外露受到了伤害才变成了社恐。

张昕的研究方向是毕生发展心理学，也就是研究个体从出生到老年的全程心理发展。他在书中提到，社牛现象的原因之一是没有很好地跨越"自我中心期"。在一本文学类读物里，作者凭观察认为，儿童闹情绪是因为对世界的认识不足，小孩看见下雨了不能出去玩，会大发雷霆，因为他不懂什么叫不可抗力，不明白不受控制的事无须烦恼。

心理学家认为，我们人类都要度过以下两个阶段。心理学家让·皮亚杰提到，人在 4~6 岁会经历"自我中心期"，会认为世界应该按照自己的需求去运转。接下来，到了 13~17 岁，又会经历一个"个人神话期"，认为自己的一举一动会特别受关注。如果人在跨越这两个成长阶段时，没有完成"去自我中心化"，没有认识到自己并不是世界的焦点和中心，就会留在总渴望被大家关注的状态里。好在心理学的迅速普及，如今很多人都已经知道这个常识了。

这本书有一个很大的价值在于常识之外的谅解。张昕说："这个世界本来就是不完美的，能有几个人的关键期、成长期都是按照教科书的标准度过的呢？"不管我们是社牛还是社恐，能接纳自己的性格就好。

再如绝大多数人都讨厌的"炫富"，也可以因为理解而谅解。炫富倒不一定是这个人不够有钱而冒充有钱，他很可能真的很有钱。这种行为的动机不在于财务方面，而在于无法通过自我认可来获得内在的满足，所以需要宣示威势和力量，从他人的（崇拜、嫉妒之类的）反馈中获得积极情绪。

如此说来，"炫富是获得积极情绪的一种方式和手段，有益身心健康"，"心理学上认为，凡是不影响自己和他人生活的行为，都是正常的行为"。而反感炫富的人也"不是出于缺钱和嫉妒，因为这种行为确实不符合社会常理"。重要的是我们能不能理解自己的内心和欲望，理解了之后，炫富的冤枉钱也省下了，多余的气恼也平复了。

本书的风度就像是把刚才那三句骂人话的字面意思用温和、笃定的语气重新说了一遍："你觉得自己有点怪是吧？其实我也有点怪，我们每个人都有点怪。这种'怪'是有办法解决的。"对很多人来说，这番话本身就达成了某种程度的解决。张昕的一个来访者说："自打我知道自己有焦虑症，我就不焦虑了。因为我以前总以为自己过不去那道坎儿，是那件事太大了，但现在我突然明白了，不是那件事本身大，而是因为我有焦虑症！"

另外，我们要注意的是：当这些"怪"开始呈现出严重影响生活的病理性特征，就需要及时治疗了。

很多时候，不专业的人不知道那其实属于精神疾病症状，我在这方面有教训。几年前，我去录一档节目，也不知谁起的头，几个男嘉宾开始讨论起产后抑郁。我们一唱一和地认为那根本就不是真正的抑郁，属于没事找事，好像还当场玩了个谐音梗。节目播出之后，我妻子找我谈话："你这个不知好歹的人，不懂做母亲的付出、不知道整夜整夜以泪洗面是什么感觉不说，还要公然胡说八道伤害我们！我就问你，我带孩子的时候你在干什么，为什么你那时候看了那么多的电影和美剧?！"

我现在读到这段话还是一身冷汗：除了产妇群体，大部分人对产后抑郁的认识不足。毕竟大多数人对产后抑郁的了解仅限于新闻报道中最极端、最悲惨的事件。数据显示，产后抑郁的发病率在 10% 左右，如果辅以积极的心理咨询或治疗手段，大约 80% 的轻症患者的症状可在 1~6 个月内自行缓解，如果重症患者不及时就诊，就可能发生新闻里的惨剧。

说远了，重拾一下本书的谅解方式：我们都有自己的痛苦，我们都可能不理解别人的痛苦。我这倒不是要粉饰自己的错误，粉饰内心问题是没用的。那些我自以为能逃过的惩罚，都会乔装改扮地埋伏在前面，越回避它、越压制它，它就变得越诡异、越强大，我要说的是了解心理学常识的必要性。

张昕当初报考北大的心理学专业，以为自己学的是读心术，而他现在最爱说的是"学心理学的，一不读心，二不算命，三不解梦"。现在在他看来，学心理学可以让人学会"理解各种看似怪诞的行为", "学会理解他人, 也更能认识自己"。

具体到我们个人, 知道这些之后, 可以对着那个埋伏在前面的内心怪物说: "你出来吧, 我看见你了。咱俩好好谈谈, 你觉得自己有点怪是吧? 其实我也有点怪……"

我们读这本书也有两类读法。

一类是把它当成说明书。书中的很多篇目来自具体问题的科普文章, 有清晰的"成因＋解决"的问题导向, 可以让我们直接找到缓解方法, 比如和开头那个积极拖延法有关的问题: 为什么越焦虑越不想动? 因为焦虑引起去甲肾上腺素大量堆积, 反过来损害人的神经系统。认知资源都被调走处理焦虑了, 怎么还有余力思考呢?

有用的一个解法是, 要摆脱"积极筹备之中"的状态, 这种状态会让人沉迷于还没干就已经被认可的假象, 所以目标只要说出来, 成功率就会降低。可以把大目标拆分成几段完成的小目标, 目标定得太高容易失去控制感。另外, 还可以找一个比自己自律的学习伙伴一起行动。

说到这儿, 我们会想到一派不完全一致的观点。这种观点认为追求"功绩"的社会是造成当代人普遍焦虑的根源。我们焦虑, 其实是因为我们在不知道到底应该做什么的前提下瞎忙, 是单纯地害怕停下来, 真正问题不是想得太多、做得太少, 而恰恰是因为人在焦虑和忙碌中没有时间思考。

那么这种批判和用行动解决焦虑是不是矛盾呢？不完全矛盾。说个书里的例子，我们经常面临一个生活抉择：该留在大城市，还是回家乡？无论怎么选，都可能后悔，而且无论怎么选，都容易出现一种自我欺骗：选择回家乡的，会在嘴上说在家多安逸，眼里却满是怀才不遇的不甘；留在大城市的，会炫耀自己长了多少见识、有多少机会，但是满腹疲惫和委屈。这两种自我欺骗都是在试图解决认知失调。

所以说，现在人的焦虑到底是因为太忙不知道停下来，还是该忙却拖延？都不是，是不能通过有效的忙碌认识自己想要的是什么。关键是行动的有效性，基础还是行动：只有行动了才能面临选择，只有通过选择才能证实自己真正要什么。我从古典老师那里听来一句形象的话："不要站着想，要边走边想。"

这也是这本书的第二类读法：通过书中给出的具体问题，实现疗愈、成长的基础——自我接纳。我们会焦虑、抑郁，我们可能被恶人精神控制和精神虐待，起因都是我们不能接纳自我，认为自己需要他人的拯救和认可。

一个完全接纳自我的人会说：是的，我就是有点怪，那是我自己的事，而且它已经不再困扰我了。让我们就这么千疮百孔地生活下去吧，把这些孔洞用来呼吸空气，用来彼此谅解。

前言

　　本书由我们 2017—2022 年发布在微信公众号平台的文章整理而成，主题是"自我疗愈"和"个人成长"。

　　本书输出的心理学观点大多来自我的专业所学，为了大家有良好的阅读体验，我是以"心理学教授"的视角来叙述的。其实每一篇文章都是我和我的妻子白鹿一起交流讨论后写出的，也是经由她提出选题、策划、执笔、润色，我才能将这些观点更好地表达出来。有的读者会好奇，哪个部分是我写的，哪个部分是她写的。其实经常是我写一段她修改，她写一段我再修改，我们各自的文字交叠融合到彼此的文字里，很难明确地分割出来。唯一可以肯定的是，我的文采远不及她，如果你看到"写得真好"的部分，那一定是她写的。

　　还记得发布第一篇文章的起因。当时，我和白鹿对科普知识应该怎样传播的观点不同，就打赌做了一个实验，就是想看看文章到底怎么写才能更为大家所接受。没想到这一篇发出去后就停不下来了，也没想到真的开始做之后，越来越多的人关注我们，给我们加油、鼓励，认真地给我们反馈，与我们讨论，并提出批评和建议。我们也从一开始的试着玩，到后来变成了一种责任、一种默契、一个自然而然的约定。

这几年里，攻击谩骂有，讽刺挖苦有，猜忌怀疑有，但更多的是理解、支持、包容和喜爱。

有人说，我的某篇文章、某句话，在某个时刻突然令他豁然开朗，使他想通了困扰自己多年的问题，于是他决定放过自己，好好生活；有人说，因为读了我的某些观点，他开始反思自己以往的一些做法，生活便出现了某些积极的转变；还有一些学生朋友，因为我的文章而树立了学习的目标，对心理学产生了兴趣，纠正了伪心理学给自己带来的认知误区；还有读者认真地将我每篇文章里的知识点总结在小本子上，像做课堂笔记一样密密麻麻地摘抄记录，甚至还画了思维导图……

这些点滴真的让我无比感动，让我觉得自己的努力没有白费。人生的烦恼这么多，如果在这一秒你因为这本书而豁然开朗，那这就是我最大的价值了。

我还记得很多年前看过的一则广告。一对情侣被棒打鸳鸯，男子找到算命先生问："我和她来世还有缘再见吗？"算命先生说："你们来世的缘分很奇怪，你们从未见面，却是终生挚友。"然后，镜头就显示出他们在来世成为通过文字交流的网友的画面。

有时候我觉得这种交流方式真的很美妙，带给我们某种神奇的缘分。我们素未谋面，却通过文字相聚在这里，进行最真诚的思想交流。

再说一说，我为什么想做心理学科普。

很多人对心理学的认知都来自"江湖心理学"，例如星座学、读心术、情感测试等。它们和真正的心理学没有什么关系，因为和性格、情绪等搭上一点边，就被打上"心理学"的标签，再进行一番包装，用一些似是而非的泛泛之语，让人情不自禁地对号入座。

这样很容易让人忽略一个事实：心理学是一门会用到数学、物理学、生物学、神经学、医学、社会学等多领域知识的、跨学科的、需要通过实验数据来进行研究的实证科学。在不少人心中，心理学成了一种玄乎又不靠谱的存在，甚至成了变戏法的代名词。我原本觉得，测试之类的消遣仅供娱乐也无伤大雅，但后来，看到一部分人打着心理学的旗号传播一些伪科学的内容，甚至造成他人的经济损失或引发了他人心理健康方面的问题，我觉得我还是有必要站出来说点什么。

要知道，成功的误导不是说谎，而是将几句真话混合着几句假话，或者是将几句真话断章取义地捏在一起导向错误的结论，然后包装营销，贩卖焦虑。

所以这也是我一直计划着将我输出的文章整理成书的一个初衷：一方面是对过去几年的科普工作和自省进行总结和梳理，另一方面也是希望更多的朋友系统了解生活中的心理学。

总之，记住一点：拼命向你贩卖焦虑的人，不是真正学心理学的。

因为真正学心理学的人，毕生所求所学就是为了减轻人们的焦虑，让你知道，大多数的"不正常"，其实都挺"正常"的。

别怕，

我们都是"奇怪"的人

1

我们的社会文化，对心理问题存在两种极端的理解。一种是认为心理疾病属于无病呻吟，心理问题根本就不是问题，不值得关注，这导致很多求助者产生自我怀疑，延长了自省之路。另一种就是认为心理疾病属于大脑有问题，是"疯了"，这种偏见让一些有困扰的人产生强烈的病耻感，因此坚决否认自己所处的困境，也拒绝求助。

　　其实，生活中谁没有一些情绪上的问题呢？谁没有过一点焦虑、抑郁、拖延呢？谁又不曾有过"社交恐惧症""电话恐惧症""晚睡强迫症""迟到强迫症"等奇奇怪怪的这症那症呢？我们应该做的是正视、接纳，与之和谐共处，而非否定、无视，将问题妖魔化，甚至将遇到问题的人妖魔化。

　　何为正视、接纳？一位来访者曾告诉我："自打我知道自己有焦虑症之后，我就不焦虑了。因为我以前总以为自己过不去那道坎儿，是那件事太大了，但现在我突然明白了，不是那件事本身大，而是因为我有焦虑症！既然事儿本不大，我就突然觉得自己好像没有焦虑的必要了。"

如果上述这段话，你现在还不是很能体会，那也没关系，在本章，你可以看到我们都是"奇怪"的人，我们都有"奇怪"的事儿。当你弄清楚了这些都是怎么回事之后，它们也就不再是事儿了。

控制焦虑，重回生活正轨

"为什么我越焦虑越提不起精神去工作和学习？"

很多人都有这样的感觉：自己极度不自律，总是在毫无意义地浪费时间，毫无收获地透支自己。每天无所事事，晚上熬夜看剧，早上起不来；生活漫无目的，想做点有意义的事情又打不起精神，无限拖延；觉得自己颓废，不想动，过得很失败。

有时想静下心来看一本书，或者去学习、健身，但总是坚持不了多久又去玩手机了。不然就三天打鱼，两天晒网，毫无自制力，总是用看视频、玩游戏来逃避任务。但在这种沮丧和焦虑的情绪下，玩又玩不踏实，可就算玩得这么痛苦，也不想行动起来。

就这么一直困在焦虑的情绪里反反复复，之后又会因为自己的不自律而悔恨不已，负面情绪累积到一定程度后直接自暴自弃。

上面描述的这些情况是非常具有代表性的，因为有很多朋友都向我提出过类似的困惑。在本节中，我为大家剖析和解答这些困惑背后的心理学因素，希望可以帮到有需要的人。

越焦虑越不想动的恶性循环

我们知道，适当的焦虑和压力会变成动力，促进去甲肾上腺素的上升，从而使人保持高唤起的觉醒状态，让人干劲十足。比如有的人越是临近交稿截止日期，就越思如泉涌、灵感迸发，写起论文来事半功倍。

但如果我们长期承受巨大的焦虑和压力，会导致去甲肾上腺素大量堆积，这反过来会损害我们的神经系统，让人失去动力和活力。如果你的认知资源都被调走处理焦虑了，又怎么有余力去思考和学习呢？怎么有精神去做那些需要花费大量精力才能完成的事呢？

这就是为什么有的人越是知道自己有一大堆事情需要去做，越会为自己找种种理由去拖延；越想到自己一事无成，该去干点什么，就越提不起精神来，什么都不愿意干，只愿意躺在家里，浑浑噩噩。

在这种消极的生活状态下，你会觉得自己处于病态，会悔恨自己虚度光阴，会懊恼自己一事无成。这么一想，你的压力就更大了，焦虑甚至抑郁情绪更加严重，从而导致浑浑噩噩状态的加重，由此进入恶性循环。

越无所事事就越容易好吃懒做

当你正在做的事情或正在经历的状态（一事无成、碌碌无为）让你失去了控制感，控制感的降低会进一步导致焦虑感的上升，因此你就更需要通过熬夜看剧、玩手机、玩游戏、暴饮暴食来逃避这种挫败感和压力。

我们的大脑通常会有两种处理难题的方式，一种是情绪导向的解决方式，另一种是问题导向的解决方式。前者侧重的是缓解焦虑情绪本身，比如考试成绩不理想，就通过购物、吃甜食、看喜剧、倾诉等方式来化解情绪问题；后者则通过解决引发焦虑的问题来缓解情绪，比如发现自己考得不好，就分析哪里没学好，哪里需要加强练习，下次如何避免，等等。

看剧、打游戏、玩手机、暴饮暴食等行为都属于情绪导向的解决方式，是比较轻松、简单、可控的方式，能让人获得短暂的满足感、愉悦感、成就感和控制感。成功很难，努力很难，但是看电视、吃零食却很简单。

情绪导向的解决方式当然也有优点，比如见效快，具有易得性，不良情绪很可能立刻会得到缓解；弊端是治标不治本，在获得短暂的治愈之后，可能会产生更大的焦虑。因为这样的解决方式并没有让问题得到实质性解决，反而还有可能让人觉得钱花多了、人吃胖了，以及产生荒废感和空虚感等更强烈的副作用。

问题导向的解决方式的优点当然是治本，但难点在于，有些正在困扰我们的问题可能很难解决。

找到问题来源，摆脱浑浑噩噩的状态

首先我们要明白，我们的问题来源是什么。当我们发现了人生的失控来自焦虑，而焦虑又来自更早一层的失控，那我们就要寻找自己最初失去控制感的根源是什么。

比如，最初失去控制感是因为没有找到理想的工作，事业上的失控感导致焦虑，焦虑又进一步导致生活状态甚至整个人生完全失控。

发现了根源，我们就会明白自己为什么会失控：是不是一下子把目标设定得太高了？是不是突然间要做的事情太多了？

我经常讲一个很重要的观点：目标不宜定得太高。目标感很重要，但是如果目标一下子定得过高，很可能因为无法得到及时的正反馈而导致原动力不足。

如果目标定得太高，你付出了很多努力还是实现不了，那么你的控制感肯定会降低，挫败感一定会激增，然后很容易落入"焦虑进而颓废"的陷阱。

如果是这样，你不妨先设定一个比较容易实现的小目标，把一个大目标分成一个个小目标，分阶段、分难度等级，从简单的开始执行，让自己重新获得成就感。在一个个小小的成就感累积起来之后，你就能从中获得控制感，从而降低焦虑感，你的状态就会慢慢进入健康的良性循环，生活也会逐步重回正轨。

我总结了几项具体的操作建议，包括但不限于以下做法，大家可以根据自己的情况来调适。

安排自己做家务

洗碗、扫地、擦桌子，是绝大多数有自理能力的成年人都可以做到的。这些活动不是很难，却可以让自己每天身处的环境焕然一新，是比较容易获得成就感的做法。

想要进一步提升的，可以精进一下厨艺。创作并享用美食的过程，也能大大增加愉悦感，而且做菜做饭也是一种当下就能立即得到正反馈的活动。

量力而行的体育锻炼

运动对身心健康的好处不必多说，比如增加多巴胺，增强体质。我的建议是，你未必需要马上去办一张健身卡，买一堆健身器材或是准备一套运动服装。倒不是因为上述这些操作花费较高，而是它们意味着你将要进行的锻炼是比较专业、难度较高的。

如果你在运动方面有一定基础那当然没问题，但如果你是零基础，太专业的训练反而会让你陷入"目标过高—屡试屡败—放弃—颓废"的陷阱。你可以在家做点入门级的瑜伽或是空中自行车之类的运动，这些活动难度不高，网上也有大量教学视频，而且也容易坚持下来，等基础打牢了再提高难度。

一定要合理安排学习与提升的时间

如果你看不进去书，有可能对你来说是这本书太难了，也有可能是你学习的时间太长，或这个内容你压根儿就不感兴趣。你可以先降低难度，也可以缩短学习时间，抑或找到一个自己擅长的、感兴趣并且力所能及的学习内容。

就拿缩短学习时间来说，即使每天只学习半小时，也比你一天学习 5 小时而接下来 3 个月都不再学习要好。

设立目标要避免落入"设立目标—屡试屡败"的陷阱。有些朋友喜欢去图书馆上自习，觉得图书馆的浓厚学习氛围更有利于让自己静下心来。这当然没问题。可如果在准备工作上大做文章，比如整理书包，收拾出门带的东西，梳洗打扮，买零食，经过奶茶店排队买杯奶茶……折腾完这一番再走到图书馆人就累了，心想不如玩一会儿手机吧，于是不知不觉一天就过去了……

做完了"学习"的"准备工作"，就感觉已经"学习"过了，自己骗自己，有什么意义呢？真正想学习的，在哪里都能学习，只要有学习资料在手，任何时间、任何地点都可以开始。

找一个学习上的伙伴

独学而无友，孤陋而寡闻。

学习伙伴的作用很多，不仅在遇到难题时大家可以相互讨论，还可以互相学习对方的经验，比如你不懂得合理安排时间，可能对方很懂，你跟随他的作息去学习和休息，这就是一个很取巧的方式。

更重要的是，找到一个上进、自律的学习伙伴，结伴完成某个目标，让对方监督你、激励你，把对方当成自己的榜样，真的会对我们完成目标有很大帮助。

当一个人处于朋辈（当然，得是好的朋辈）的影响之下时，其潜力是可以被激发出来的，这就是"社会促进"（又称"社会助长"）的作用。每个人都有表现自己的动机，因此一个人在完成某个任务时，如果有他人在场或者和他人一起活动，效率就会提高。

注意，一定要和比你更加自律的人成为学习伙伴，而不是那种和你一样浑浑噩噩、不想动的人——这样的伙伴一起放松玩耍就好了，学习的时候还是要远离诱惑的。

学会"佛系"地战胜拖延症

学心理学有什么具体的好处？举个例子，我有一篇论文要提交，可是我拖着不想写。以前我会一边焦虑，一边拖延，而现在我会心安理得地拖延。这是因为我太了解自己了，那些刻在人类基因里的本性比我们想象的要更强大。

自 20 世纪 70 年代起，心理学家就开始关注拖延现象。研究显示，80%~95% 的大学生都存在不同程度的拖延（Ellis& Knaus，1977）。世人皆如此，你我非特例。

与拖延和解很美妙

我很早就计划做自媒体，然而拖了两年都未开始，因为我不知道怎么做，也不知道读者喜欢看什么……于是就这么一直念叨着、拖延着……

终于有一天，这个想法再次冒出来的时候，我出于拖延打开了某问答 App（应用程序），暗中观察读者感兴趣的心理学问题或心理学话题……然后又心血来潮开专栏做了个试验，尝试用两种完全不同的文风写了两篇内容完全相同的文章，然后比较阅读量、点赞数和评论互动。

这个尝试为我打开了一扇通向新世界的大门，成了我夜深人静时减压的秘密俱乐部。我认真看读者的建议，听求助者的疑问，也为写专栏看了很多专业文献，还向我的妻子学习传播学知识。

就这样断断续续地更新着文章，做了两年之后，当我终于厘清了怎么做自媒体的时候，才赫然发现我竟然开了一个专栏，而且这个专栏还收获了几十万的读者。现在专栏开了，自媒体拖到最后也做了，还补充了许多新领域的知识。

不知读者是否意识到，我在拖延做自媒体这件事时，完成了很多其他事情。

所以，与拖延症和睦相处其实没那么糟糕。与其负隅顽抗，不如轻松和解。这大概算是一种积极拖延法，我也称之为"佛系战拖法"。

根据 Chu&Choi[①] 的理论，拖延被分成了消极拖延和积极

---

① Chu&Choi: 即朱辛川·安杰拉（Angela Hsin Chun Chu）和崔真男（Jin Nam Choi），两人合著了文章 "Rethinking Procrastination: Positive Effects of 'Active' Procrastination Behavior on Attitudes and Performance"。

拖延。我摸索出的这套"佛系战拖法"应当属于积极拖延，即不回避问题，不是直接而是迂回解决问题。

来自卡尔加里大学的心理学家皮尔斯·斯蒂尔等人提出了一个较为全面的理论框架——TMT（Temporal Motivational Theory，时间动机理论模型），来解释拖延。该理论框架中的一个重要公式认为，任务效用受到了个体对期望、自身价值、何时能够实现以及个体对延迟的敏感性这几类因素的影响。期望越高，自身价值越大，越能立刻完成对延迟敏感性高的任务，主观价值就越高，越不容易拖延。

个体对任务的主观价值评判会随着情况的变化而变化。用通俗的话来说就是：终极大任务在截止日期面前显得极度高压，反而能将其他小任务映衬得轻巧可爱。

比如，不想审核的稿件，不想回的邮件，不想备的课，不想改的论文，不想洗的碗，不想烤的肋排，不想交的水电费，不想跑的步……这些本来不想做的任务，在接近交稿期的论文面前，都成了一个个减压放松的小游戏。

于是我在拖延，不想写论文的时间内，完成了审稿、回邮件、备课、洗碗、交水电费，还做了一桌大餐，甚至更新了自媒体文章！

可能你想问，那我拖延着的论文怎么办呢？我的回答是，该咋办咋办，拖到不能再拖的时候，终究还是会写完。

这就是与拖延和解的妙处：一方面，人生变得更加充实和高效，利用拖延 A 的时间反而完成了原本被拖延着的 B（乃至 C、D、E、F、G）；另一方面，被 A 拖延到极限的你最终会在截止日期的压力下变得思如泉涌，A 也能如期完成。

下次你心中的拖延小人儿和勤奋小人儿再打架，你就让拖延小人儿转告勤奋小人儿：我不是在拖延，而是在曲线完成任务。

但这里需要注意的是，要充分利用拖延 A 的时间来完成拖延的其他任务，千万不要把拖延的时间用来看剧、发呆、打游戏，因为你根本玩不踏实，反而会变成"焦虑得无所事事"，即"消极拖延"，所以把尽情玩乐的犒劳留到完成大任务之后吧!

偷来的时光最高效

其实我算是比较自律的人，对抗拖延也有一些常规做法：先设立比较容易完成的小目标，远离舒适圈诱惑，将任务分阶段化整为零完成，等等。不过这些做法对付有截止日期的任务有效，对付没有截止日期的任务就不太有效了。

美国国家科学基金会为了应对每年海量的申请书，就实施了一个巧妙的制度：取消了原先接收标书的截止日期，变成全年无限制，任何时间都可以提交，结果每年他们收到的申请减少了 50% 以上。

没有截止日期的任务会被拖延，其原因主要是动机不足，以及回报（或危害）延迟。

有一则故事很好地体现了这个道理。清朝有个年轻人叫黄允修，有一天他向袁枚借书，袁枚忍不住告诉了他一些经验：那些收藏夹里标记了无数遍的"必看好文"，有几篇你会去认真读？只有对那些须臾要被删掉的文章，你才会如饥似渴地阅读。

此所谓"书非借不能读也"。

其实，"借书读"就是通过提高前文所说的"个体对延迟的敏感性"来对抗拖延症。自己买的书，今天不读明天读，反正明日何其多！而借的书就不同了，在有限的借书日期内总得读完。这就是一种自我限定的截止日期，人为地提高了延迟敏感性。

不仅读书如此，设定时间也是如此。没有设定截止日期，或是截止日期不在眼前，目标就会被搁置。

当你终于意识到时间不属于自己，而是属于老板、女友、孩子、客户的时候，你会发现片刻空闲都是借来的，不，是偷来的。熊孩子终于睡午觉了，赶紧利用这偷得的浮生半日闲做点正经事：看书、写论文、做报告、练英语……时间紧迫，不容分心，因为截止时间（孩子醒来）可能就在两小时后。

所以还是要让自己忙起来，忙到忘我的状态，就会明确地知道自己想要的是什么，目标和动机也会变得更加清晰。

狡猾的"积极筹划"陷阱

与拖延症和谐共处的时候，有一点要警惕：在拖延症患者的世界里，有一个特别美丽的陷阱，叫作"积极筹划中"，看似在为完成任务做准备，其实只是"打鸡血"后接着躺平。

想减肥？先买几张维密超模的海报贴在床头。

想练马甲线？先下载几个健身 App 设置打卡日历。

想学钢琴？先打开手机搜索一堆大师的演奏视频欣赏。

······

为什么只是想一想就觉得任务似乎已经完成，便可以放任自己去休息了呢？纽约大学心理学家彼得·戈尔维策研究发现，目标只要说出来，就可能会降低成功的概率，因为别人对目标的了解和叫好更易使立目标者沉溺于被认可的假象。

美好的幻想和设立目标的感觉一样，使人愉快、放松，仿佛已经达到了理想境界，从而导致行动力大幅降低，进而陷入更长时间的消沉和懒怠。

因此要战胜拖延症，就要跳出自己骗自己、"假装很努力"的陷阱，真正行动起来。

一根藤上结出的两个瓜："社恐"和"社牛"

当下的年轻人，好像不是有点社恐，就是有点社牛。

比起害怕社交的人不愿与人交际、不敢公开发表意见、不想引人注目等特征，善于社交的人则开朗大胆，和陌生人也能很快熟悉起来，愿意表现自我，敢于在公共场合做一些引人关注的行为，毫不担心别人异样的眼神。

比如在某饭店过生日时，总会有一群热情洋溢的员工举着灯牌围着你唱"和所有的烦恼说拜拜"，这一幕简直是害怕社交的人的"噩梦"。而善于社交的人则反其道而行之，他们会主动加入派对，热情地与饭店员工、互动，自信满满地现场调度……

一开始我对社交达人并没有感性认知，只停留在字面意思上。直到有一天我陪家人逛街，正好看到一个年轻人，一路扭着猫步、转着圈向我们走来，用夸张的肢体动作和语言与周围的人交流和互动，无惧别人的目光。起初，我以为他在表演节目，可找了半天也没有找到摄像机在哪里。

我恍然大悟。

闲话少叙，现在我就从心理学的角度和大家聊一聊这两种社交类型的人分别拥有什么样的心理状态。

根源：对自己的不自信。

社恐和社牛，看起来问题截然相反，然而我却认为它们是同一根藤上结出的两个瓜。它们都源于一个人对自己的不自信，这种不自信导致了这两种不同的状态。

社恐之人的不自信，源于他们害怕别人发现自己做得不好、做得不对，或者留下什么把柄被人掌握，所以希望别人尽量不要关注自己。而社牛之人的不自信，则源于害怕别人不认可自己，所以过分卖力地表现以图引起周围人的关注。

这两种社交类型的人，在某些条件下可能也会相互转化。

比如有很多人，小的时候可能是个社牛，跟谁都能快速亲近，聊个 10 分钟家底都交代干净了，但是由于太过真诚、热情、外露，很可能会受到很多伤害，在社会上遭遇的挫折多了，学会了保护自己，从而变成了社恐。

也有一些人，一开始可能害怕社交，将自己保护得很好，但是随着经济能力、社会地位的上升，可能没有以前那么多的顾虑，于是开始释放自我，尽情展现。

未完成的"去自我中心化"任务

除了不自信、渴望得到关注，我认为社牛还有一个原因：没有很好地跨越"自我中心期"。

让·皮亚杰提到过，学龄前（4~6岁）的孩子会经历一个"自我中心期"，认为世界应该按照自己的需求去运转，而青春期（13~17岁）的孩子则会经历一个"个人神化期"，认为自己的一举一动都会被别人特别关注和特别留意。

这两个时期的共同点是：个体认为自己就是整个世界的焦点和中心。

如果一个人在学龄前没能很好地度过"自我中心期"，或者在青春期没能跨越"个人神化期"，那他就没能达成这个阶段该达成的成长目标——"去自我中心化"（也就是认识到自己不是世界的焦点和中心），其结果就是他会进入这样一种心理状态：我想成为世界的中心，我渴望大家都关注我。在今后的生活中，无论是在社交方面还是在其他方面，他都会希望自己成为万众瞩目的焦点。当他发现别人不关注他的时候，他就会做出种种过度社交的行为来引起别人的关注。

这就是为什么很多小朋友都像是社交达人，比如逢年过节在亲戚面前背诗、唱歌，连表演小品都不带发怵的。青春期的孩子也常常会有类似的特质，比如人越多越愿意忘我地尽情表演。但是成年之后，大多数人都不会这样了（除非工作需要），这是因为大多数成年人已经完成了"去自我中心化"这个发展任务。

还有一个很有意思的现象，在成年早期，也就是青年时期，很多人既想成为社交达人，又会不好意思，因此很多类似"真心话大冒险"的游戏，能帮助他们光明正大地展现自己的社交能力。这个时期的年轻人因为正处在"去自我中心化"的进程中，所以需要一个合理的借口，来满足自己"引人关注"和"成为焦点"的小愿望。

如何看待社恐和社牛

社恐和社牛孰好孰坏，也得分情况来讨论。首先，如果是正常范围内的、不影响自己和其他人的社交行为，不仅无可厚非，甚至在很多场景和职业中是被需要的。比如演员、销售等职业非常需要自我展现，在这些社交性比较强的工作中，善于社交是一种很有优势的技能。又比如在学者、技术岗位等较少与人打交道、需要耐得住寂寞的职业中，害怕社交的性格反而能让人踏踏实实地潜心于工作。

再举个例子，朋友们一起出去玩，如果其中有一个人扮演

"开心果"的角色，那么聚会大概率不会冷场，大家多年后回想起来还是会觉得那是一段令人愉快的记忆。所以，很多生活场景都需要善于社交的人。

但是如果社交状态呈现出一种病理性的特征，那就要引起我们的重视。因为一些心理功能不健全的人也会表现出类似的症状。不专业的人可能并不知道这是一种精神疾病的症状，是需要治疗的。比如一些抑郁症、焦虑症、恐怖症患者身上就会出现社交恐惧、社交障碍的情况，有的患者甚至整日把自己关在屋子里，害怕见到任何人，严重影响正常的工作、生活和人际交往。

而有些表演型人格的人，往往喜好以高度饱满的情绪做出夸张的行为，在不恰当的场合自我表演。他们的言行举止过分戏剧化，自我放任，不为他人考虑，表现出高度的自我中心意识，仿佛遍地都是舞台，随时都能开始表演，永远有聚光灯追着自己，这就是一种病理性的过度社交。

又比如有双相情感障碍的患者（或者是一些轻度躁狂症患者），当他们躁狂症发作时，就可能情绪高涨，表达欲增强，思维奔逸，精力充沛，莫名自信，会感觉自己非常棒，给人以爱好交际、社交活动很多的样子。

如果患上病理性的社交障碍，还是要尽早求助专业人士，比如神经内科医生，再配合以药物治疗、心理咨询辅导等手段进行调整。

　　其实，这个世界本来就不是完美的，能有几个人的关键期、成长期都是按照教科书的标准度过的呢？正如前文所说，只要不对自己、他人和社会造成不好的影响，就没有问题。

　　不管你是什么社交属性，希望你都能接纳自己的性格，活出自己想要的人生。

电话恐惧症和文字恐惧症

一次聚会，朋友问了我一个学术问题：是不是存在语言认知和文本认知两种不同类型的人群？也就是说，有人要通过说话才能更好地理解内容，而有人要通过文字才能更好地理解内容？我回答他，的确如此。

这位朋友追问道："我感觉我理解别人说话很吃力，经常开会大半天，我还不知道对方要表达什么，往往要等到翻看文字会议记录时，才恍然大悟。我在表达上也有同样的感受，工作上的事情不能发邮件吗，为什么非得打电话？电话沟通时，经常讲着讲着，话题就扯远了，原先的主题就被模糊了。"

鹿老师也拼命点头表示赞同："我工作上的事情也喜欢发邮件或者发微信，列出一、二、三点，逻辑清晰，一目了然，事后盘点起来也有据可循。我最怕正在给客户编辑信息时，领导来一句'发信息又慢又说不清楚，为什么不打电话？电话沟通才最清楚、最高效'。每当这种时候我就会怀疑人生——难道只有我觉得微信才说得清楚，电话沟通说不清楚吗？"

她们均表示，经常是挂了电话都没有明白对方的意图，而且电话沟通又没有文字信息可以进行梳理，常常令人崩溃。鹿老师分享自己的应对策略："现在，如果有人给我打电话，我会等对方挂掉电话后，再回一条消息过去，'刚才在忙，怎么啦，亲？'"

我说："难怪你俩都是键盘吵架第一名、微信群脱口秀太后、朋友圈单口相声即兴表演艺术家……但面对面吵架就瞠目结舌，要熬到第二天半夜3点才能梳理清楚脉络，懊恼自己没有发挥好。"

这时，另外一位朋友表达了相反的感受："我和你们相反，我很怕写邮件，更喜欢打电话。我觉得打电话三言两语就能把事儿说清楚，写邮件或者发短信不同，还得反复斟酌用词、组织语言、检查错别字、检查病句、检查标点。有些事电话一分钟就能讲清楚，写邮件10分钟都不一定能理顺逻辑。比如，拟500字的通知我需要花一下午的时间，但口头通知的话，不就是两句话的事儿吗？"

朋友们的这些讨论很有意思，也让我想起读者们经常提出的两类完全不同的诉求：一类是"你的文章能不能拍成视频或者录制音频？想好好学习一下"，另一类是"你的音频课有没有文字版的？想好好学习一下"。

有的人偏好文字信息的接收和表达，有的人偏好语言信息的接收和表达，为什么会存在这种现象呢？

不同偏好的语言表达方式

从脑科学的角度出发，我可以试着解释一下：虽然都是语言的表达，但是书面语言和口头语言是由不同的脑区来负责运行的。

人类大脑的布罗卡区是运动性言语中枢，和口头语言的功能有关。研究发现，布罗卡区严重损伤者，可能出现一种"运动性失语症"现象，即不能将语言以口语方式表达出来，但仍保留听懂别人说话、写字和阅读的能力。而大脑的另一个区域韦尼克区受损的话，患者听觉并不受损，但不能理解话语中的意思，同时患者也能开口讲话，但话语混乱而割裂。这种现象被称为"感觉性失语症"。

而另外一类阅读障碍者，他们的语言表达能力、接收理解能力都没有问题，在阅读和拼写方面却存在困难。相关研究表明，位于顶叶角回位置的 BA39 被认为是和书写有关的脑区。

这些研究结果提示我们，书面语言的认知能力和口头语言的认知能力，可能是分离的，即它们分属不同的系统。因此偏爱口头表达的人，可能就是布罗卡区和韦尼克区更发达，而偏爱文字表达的人，则可能是顶叶角回发展得更好。像第一位朋友自述她开会时理解别人的话语有难度，但是阅读邮件、图书毫无障碍，很可能就是她的韦尼克区不如顶叶角回发达。

所以，如果有读者认为自己"怎么邮件写不好"或者"怎么口头表达能力不行"，不必过于焦虑。人本来就是有长处也有短处的，不同的人擅长不同的领域，只要工作和生活没有被严重影响，就不必太放在心上，扬长避短就行了。

电话恐惧症其实是一种社交焦虑

听到不同脑区的功能后，鹿老师提出了一个疑问："我的语言表达能力并不差，只是害怕接打电话而已，面对面讲话我也不害怕。这就不是脑区分工的问题了吧？"

她说得非常正确。鹿老师的口头表达能力和书面表达能力都很强，她的布罗卡区、韦尼克区、顶叶角回应该都很发达，她就是接打电话有困难。每次打电话之前，她都要用纸笔打草稿，反复排练，而且接起电话就容易紧张，一边讲电话还一边做记录。她诉苦有时遇到重要的电话，她甚至会大脑一片空白，不知道该说什么。

这种情况和脑区的分工关系就不大了，这是典型的"电话恐惧症"。所谓电话恐惧症就是明明平时交流没什么问题，只要一拿起电话就不知道该说什么，甚至为此非常恐惧接打电话。英国有一项调查，询问了 500 名受访者的电话恐惧情况，结果发现 62% 的受访者存在电话恐惧的表现。其中 80 后、90 后可能是最容易有这种表现的群体——超过 70% 的人表示曾经有过电话恐惧的情况，远高于 60 后 40% 的比例。

出现电话恐惧症的原因大致包括：害怕无法应对突发情况，害怕冷场，害怕别人的负面评价，等等。

也有人害怕电话沟通中因缺乏表情和身体语言的传达而导致信息被误解。所以，存在电话恐惧的人，重要的事情宁可等一两个小时，也要跟人当面沟通。

我则不同，我宁可电话沟通，也不想与人当面对话。其实这也是一种焦虑状态——说话恐惧症。

不管是害怕接打电话，还是害怕当面沟通，其实都是社交焦虑的一种形式。

克服电话恐惧症的方法

那么，如果有电话恐惧症或者说话恐惧症该怎么办呢？比如，想给领导或客户发短信说一件事，可是领导和客户都习惯电话沟通，觉得短信沟通太低效。

你可以试试以下方法：

打草稿练习，并事后补邮件

鹿老师以前从事媒体行业时需要拨打很多电话，她的方式是把要沟通的内容用文字记录下来，对着草稿多练习，做到胸有成竹后再拨通电话。电话沟通中，她习惯把双方交流的重要信息记录下来，挂了电话之后立刻给对方补发邮件："正如刚才电话中沟通的那样，我们的计划如下……"这样既梳理了电话内容，又防止遗忘，抑或防止对方日后推诿时无据可循。

找一处私密空间打电话

鹿老师以前所在的公司非常人性化，有一个四面封闭的专用小房间。她需要打电话、写稿子时，就搬着电脑去"小黑屋"闭关一整天。那个小房间简直是社交恐惧者的乐园。

我行我素：不爱打就不打

本文开头提到的那位朋友就是这样一个铁头派："我就不爱接电话，有事请发邮件或留言。"当然，也可以请助理专门接打电话。

当铁头派有一定风险——必须有足够硬核的业务能力，让老板忽略你的这点小"毛病"，毕竟成大事者不拘小节；或者你要有不在乎老板眼光的气魄。否则，这个办法不是很适用。

调整自己的认知

很多患有电话恐惧症、说话恐惧症或社交恐惧症的人，都是太在乎别人的眼光。比如，有的人在办公室没法打的电话，回到家关上卧室门后竟能畅快沟通。其实这还是因为害怕自己说错话，当众出丑，在私密空间里则没有这个顾虑。

我的建议是，不要夸大自己的问题，也不用太在意别人的看法，因为别人也更在意自己的表现，并不会太介意你的表现。

真正的抑郁症

古代的"鬼附身"

民国时期的单口相声《张双喜捉妖》讲述了这么一段故事：

一个名叫月兰的姑娘，被河里的水鬼附身了，在水鬼的蛊惑之下，她整天在家闹着要跳河自杀……

我做心理学科普的内容，为什么要讲这个故事？下面我会用科学的正能量来破除封建迷信！

民间传闻，意外身亡者与自杀者不符合寿限命数的规定，不能过奈何桥进入轮回，除非找到以相同方式身亡的人来当"替身"。为了解决在阴间"落户难"的问题，极个别非正常死亡的鬼魂竟不惜走上"犯罪"道路，设法蛊惑生者自杀。像月兰这样没什么要紧事却一心寻死的，必定是被鬼迷了心窍。

但是，《张双喜捉妖》相声形成于民国时期，故事却发生于乾隆年间。从年代背景可以推测，当时群众的科学文化素养应该并不高。

那么，让我们来分析一下案发当时月兰姑娘的情形：

（1）月兰自述"高兴不起来"，且长时间无故悲伤哭泣——这是出现了显著持久的心境低落、快感缺失（超过两周为抑郁症，不到两周为抑郁状态）。

（2）月兰多次表示"我还活着干什么""我就想死个痛快"，并且有投河等举动——这是出现了自杀倾向甚至自杀行为。

（3）月兰打翻一碗汤就想以死谢罪——这是出现了与事实严重不相称的自责和自罪情绪。

（4）她说自己"这么废物"——这是出现了低自尊倾向，认为自己毫无价值。

（5）她感到有手推自己——出现了幻觉。

（6）她"已说不出一句整话""眼珠发直"——出现神情呆滞状态。

种种证据显示，哪里有什么水鬼附身，这位月兰姑娘根本就是得了抑郁症。

将抑郁症与怪力乱神相关联，不光在民间故事里可见，就连古代高级知识分子所著的医书也是如此。宋代《妇人大全良方》里关于产后抑郁的记载就有"产后癫狂""产后狂言谵语如有神灵""产后不语""产后乍见鬼神"等语。

同时，这也不是中国特有的现象。欧洲中世纪有过一场旷日持久的"猎巫运动"，被烧死的女巫不计其数。后来研究者考察了中世纪巫术的情况，发现其中一部分"受魔鬼驱使""被恶灵附体"的女巫及巫师，其实只是一些有精神障碍或心理障碍的无辜病人而已。

"抑郁症就是矫情"

一位抑郁症患者曾对我形容："我心上像压了一块巨石，不能喘气。生活中并没有什么特别不好的事情发生，我却时刻被悲痛欲绝的情绪淹没，整个人像在地狱火里烤着一样，日夜无法解脱。"直到现在，仍然有人听完这番描述后表示："这纯粹就是闲的。"

时至今日，很多人对抑郁症的认识，也只是从"水鬼附身"变成了"就是矫情"、"闲得无聊"而已。

抑郁症不是矫情，不是小心眼，不是不坚强，更不是太闲了，而是大脑部分机能（例如神经递质的分泌和接收功能）出现了障碍。我们可以理解为负责产生"愉悦"和"痛苦"的两个按钮失灵了，"愉悦"一直关闭，"痛苦"却一直在线。

因此，仅靠劝导"想开点"来治疗抑郁症是没有什么作用的。

抑郁症的治疗

抑郁症的治疗之路上，人类在经历过头盖骨钻洞术、巫师驱魔术、放血疗法、脑白质切除术等错误疗法后，如今终于总结出了几种比较可靠的疗法。按照病情轻重程度，依次可选择心理咨询、抗抑郁药物治疗及电击疗法等。

心理咨询、抗抑郁药物治疗这两种疗法属于理论驱动型。例如，认知行为疗法基于抑郁症患者的心理特点来设计治疗方案；药物治疗中的 5-羟色胺选择性重摄取抑制剂（SSRI），是基于对抑郁症神经递质研究结果研制出来的。

而电击疗法则属于循证医学。什么是循证医学呢？即"我也不知道怎么回事，但实践证明就是管用"。

早在 16 世纪医生就注意到，很多精神病患者得了癫痫之后，其精神病的症状反而有了好转，从中他们发现了抽搐可以治疗精神类疾病的秘密。

1938 年的一天，两位意大利精神病学家乌戈·切莱蒂和卢乔·比尼围观屠夫宰猪时，注意到猪被电晕后会发生抽搐，于是他们灵光乍现：想让病人抽搐起来，为什么不试试电击？

两人一拍即合，他们先利用动物实验找到安全有效的电击强度，再将其用到人类身上，最终发现电击对抑郁症治疗有非常棒的效果。

据说他们还因此获得了诺贝尔奖的提名。虽然这只是个传闻，且他们也并未获奖，不过电击疗法仍是一项了不起的发明。

有人看过我之前的文章，认为我反对电击疗法，其实并不是。我反对用高度痛苦的电击去虐待健康的人，而认同用安全范围之内的、痛苦程度较低的电流去治疗患者，二者根本就不是一回事。无奈的是，很多人对电击疗法有相当深的成见和误解，极度排斥它，反而贻误了最佳治疗时机。

事实上，电击疗法是目前世界上有效治疗抑郁症的一支"奇兵"，而且现代医学又将麻醉手段加入了电休克治疗，进一步降低了患者的痛苦程度。

如果抑郁症严重到一定程度（比如心理咨询疗效不佳），那么遵医嘱该吃药就吃药，该电击治疗就电击治疗，别耽误了病情。

此时，或许有人要问："我拖延了一堆工作没完成，现在玩游戏也不踏实，睡觉也不安稳，这算不算快感缺失症状？我是不是抑郁了？"

这种情况我一般会认为是提问者想多了，建议将手头上的工作按时完成比较好。

抑郁症小科普

你了解抑郁症吗？也许你在新闻中看到过，某明星因为抑郁症自杀了；也许你听说过，某博主因为网络暴力患上了抑郁症；也许你身边人聊过，亲戚家的孩子因为抑郁症休学了。

有人会拿这种事开玩笑："当代年轻人出门，不得个抑郁症都不好意思跟人打招呼。"也有人会大惑不解："能有啥过不去的坎儿啊，他怎么就不想活了呢？"这都是出于对抑郁症了解得不够。

教科书上对抑郁症的描述是：以连续且长期的心境低落、快感缺失、意志活动减退为主要临床特征。

连续且长期的心境低落

不开心、悲伤、绝望、厌世等各种痛苦的情绪持续不断地折磨患者，超过两周就可以称之为抑郁症，少于两周一般称为抑郁状态或抑郁发作。

与此同时，患者还会出现自我评价过低的情况，产生无用感（认为自己一无是处）、无望感（认为自己前途渺茫）、无助感（认为自己孤立无援）的"三无"症状，常伴有与事实严重不符的自责、自罪、自我厌弃的态度，甚至出现自残、自杀的倾向或行为；严重者可出现罪恶妄想和疑病妄想，部分患者还可出现幻听、幻视、幻觉等精神分裂症状。

什么叫与事实不符的自责心理呢？就是因为一点小事便认为自己无可救药了。在常人看来一些微不足道的事情，在患者心中可能就是罪孽深重，必须受到天谴，甚至需要以死谢罪。我曾见过一名患者，在用订书机装订书本时失手跌落了书本，他便觉得自己是个废物，一无是处，人生毫无价值，因而自缢寻短见。

这种抑郁情绪可能是由生活中的消极事件引发的，但也可能并没有具体的缘由（可能与个体的悲观人格、遗传性因素，或者酗酒、药物滥用有一定关系）。而且这种痛苦是长时间持续存在的，如果不经过干预和治疗，难以随着周围环境的改善而自动好转。

快感缺失

具体来说，就是对任何事情都失去兴趣——以前爱吃的美食感觉不好吃了，以前爱玩的游戏感觉不好玩了，见到喜欢的人也没有开心的感觉了，任何人和事物都无法令患者体会到愉悦。总而言之，患者丧失了感受快乐的能力，只能感受到痛苦。

抑郁症患者每天只想躺在床上，不想吃不想动，不想做任何事，不想睡觉也不想起床。有些读者可能要对号入座："我也每天只想躺在床上无所事事，这是不是抑郁了？"不一定。如果你躺在床上还愿意吃零食、追剧、玩手机，并且还能从中获得乐趣，那就不是抑郁，只能算不求上进而已。相反，抑郁症患者会丧失所有欲望：没有食欲，没有性欲，甚至没有求生欲。

意志活动减退

通俗点说，意志活动减退就是无精打采、懒惰乏力、精力下降——反应变得迟钝，思考问题变得困难，说话减少，语速变慢，行动变得迟缓，记忆力下降，注意力不集中，生活懒散，回避社交，疏远亲友，对自身和周遭事物都漠不关心。严重者甚至会进入一种"木僵状态"：不食、不语、不动，没有表情，对周围的刺激没有反应。

我大学在医院实习期间，曾经见过一名抑郁性木僵状态的患者，无论我对他说什么、引导什么，无论我如何循循善诱，试图引起他的注意，他始终一动不动，脸上没有任何表情，对我的举动也没有任何回应，仿佛进入了一种"木头人"的状态。

另外，抑郁症患者还可能出现一些躯体性的症状，包括以下几种：

睡眠障碍：入睡困难，失眠多梦，早醒，睡眠感缺失。

饮食障碍：多为食欲减退，体重下降，也有少数患者会出现食欲增强、体重增加的情况。

肠胃功能障碍：便秘、腹泻、恶心、呕吐、胃痛、胃酸。

性功能减退：性欲减退甚至完全丧失，即使有性生活也无法从中感到快乐。男性可能会出现阳痿，女性可能会出现闭经等症状。

自主神经功能失调：心慌，胸闷，气短，出汗。

抑郁症的发作一般持续至少两周，有的甚至长达数年，大多数病例有复发的倾向。如果怀疑自己有上述症状，可以通过贝克抑郁问卷（BDI）、SDS抑郁自评量表、PHQ-9抑郁症筛查量表等自评量表进行自测。如果自测结果疑似抑郁症，一定要及时向心理医生求助，或者到正规医院就诊。

其实，抑郁症是一种临床治愈率较高的疾病。但由于大众对其认知不足，甚至存在偏见，对情绪障碍、精神障碍类的疾病存在污名化、病耻感的心态，往往会有治疗不足、复发率高等情况的发生。

抑郁症其实是由于大脑中部分神经递质的分泌功能和接收功能出现了问题，它不是一种对"心情"的描述，而是一种真正的疾病。

如果能早发现、早筛查、早干预，及时给予心理治疗、物理治疗和药物治疗，大部分患者的症状都能得到缓解，恢复正常生活。如果因为不够了解而错过治疗时机，那就太可惜了。

因此，这也是本节希望达成的目标：让更多人能够意识到、分辨出抑郁症状，从一些被认为是"矫情""无病呻吟""没事找事"的人群中，识别出抑郁症患者的求救信号。

季节性情绪失调

　　不知道你们有没有这样的感受，一到冬天人就容易心情差。上班的时候，盯着电脑就像个行尸走肉，明明事情很多，却没有动力去完成；好不容易盼来了假期，却整天闷在家里，宁可一个人孤独寂寞，也懒得迈出家门去社交；晚上刷手机无聊又无趣，可就是不想早睡；清晨醒来不愿意起床，没有勇气离开温暖的被窝……不论做什么事情都无精打采，见谁都烦，没有遭遇特别大的危机却总是没来由地颓废，感觉生活中充斥着难以名状却又无处不在的丧气。

　　这是不是得抑郁症了呢？

　　其实不是，出现以上情况很可能是得了季节性情绪失调。

季节性情绪失调

季节性情绪失调是一种特殊的情绪障碍。简单而言，人的心情似乎在冬季就会变差一点，所以也有人称其为"冬季抑郁"。主要表现就是，人们在一年之中大部分时间情绪表现都很稳定，但是进入冬季就会出现类似抑郁的情绪低落、慵懒乏力、失眠或嗜睡、厌食或贪食、缺乏兴趣等表现。

曾有英国的研究者在 2010—2014 年采集了 800 多万人次的推特数据，以分析英国人随季节转换而发生的情绪变化。

分析发现，随着冬季临近（其实从 9 月就开始了），人们会出现负面情绪大爆发的情况，入春后人们的情绪则会慢慢平复，直到夏天好心情值达到巅峰（6 月与 7 月人们的负面情绪最低）。

为什么进入冬天心情就容易消极呢？一个主要因素是日照时间缩短了，而日照时间会影响体内激素水平的变化。有研究认为，进入冬季，人体内 5– 羟色胺的缺乏以及褪黑素的过度分泌，很可能导致抑郁情绪的产生。

冬季抑郁情绪的自我调节方法

在生活中，我们如果觉得情绪低落，但又没有严重到需要就医的程度，其实可以进行一些自我调节。其中最有效的方式就是增加多巴胺的分泌。

补充维生素 D、日照和巧克力

我有位研究生好友去荷兰（众所周知，荷兰常年日照不足）攻读博士后，他告诉我，荷兰政府会在冬天发放维生素 D，以抵抗欧洲西部冬季日照不足带来的情绪问题。足够的维生素 D 有助于改善情绪，而日照就是帮助人体合成维生素 D 的重要方式。在日照严重不足的地区，服用维生素 D 是对阳光不足的一种补充。

北欧有一种常用疗法，被称为日光疗法。例如，北欧国家瑞典冬季漫长，且冬天日照时间很短，为了缓解情绪问题，瑞典人通过"造光"的方法来抵抗抑郁。当地人可以去"人造阳光房"晒晒"太阳"，以改善情绪。

其实，我们国家大部分地区光照充足，天气好的时候最好多到户外活动活动，多晒晒太阳。如果想要补充维生素 D，药房或者医院都可以买到。

此外，巧克力也可以刺激多巴胺的分泌。如果你在某个阶段感觉情绪低落，可以试试每天冲一杯热巧克力。

之前，一位亲戚说他冬天心情压抑，我便建议他每天喝一杯热巧克力，吃一颗维生素 D，中午多晒晒太阳。他就是靠这种方式调节过来的。

美食能刺激多巴胺分泌

当然，除了巧克力，只要是你爱吃的、能让你产生愉悦感的食物（特别是甜食），都有非常好的刺激多巴胺分泌的作用，比如奶茶、咖啡、蛋糕……不过，代价是钱包会瘪、人会胖。所以，饮食千万要适度，否则变胖后你可能会更加沮丧。

欣赏美景，也是治愈一切颓丧的良药

美景秀色可餐，又不会"吃胖"！

其实以前我很不喜欢冬天。记忆中小时候的冬天一直都是阴暗而寒冷的，遇上雨雪天，到处都是又脏又硬的冰。所以，冬天时除了躲在被窝里开着电热毯、抱着暖水袋看书，我哪里也不想去。

但来到北方之后，不知道是环境变化了还是时代变化了，抑或是我自己的情绪调节能力变强了，我发觉冬季竟然变成了一个幸福感很强的季节。

不得不说，北京的冬天确实很美，尤其是下雪之后。常有美景让人莫名愉悦，在一瞬间治愈情绪上的颓丧。

以前写作文时，我常用到"银装素裹""粉妆玉砌"这样的词语来描绘冬雪，但其实我并不知道那是一种怎样的体验。

直到第一次在北京经历了一夜大雪之后，清早起来拉开窗帘，我才真正体会到什么叫"琼枝玉树""琉璃世界"。鹿老师一边往花瓶里插上蜡梅花一边哼唱："雪霁天晴朗，蜡梅处处香，骑驴打桥过，铃儿响叮当……好花采得供瓶养，伴我书声琴韵，共度好时光……"我恍然大悟道："以前音乐课学这首歌从来没有觉得它有什么特别之处，现在才明白，它唱的原来是这样美的景儿啊！"

当然，下雪天可遇不可求，但湖面结冰的景致入了"数九天"之后就随时可见了。南方的湖面只结一层薄薄的冰，不能在冰上行走；而北方的湖面有几米深的厚厚冰层，是可以滑冰的。每年未名湖开冰场时，看到苍山褐塔红墙、蓝色的天空、白色的冰面，看到圆圆的红脸蛋，以及长手长脚的孩子们在冰面上甩膀子出溜，我就感慨原来小学语文书上的插画不是虚构的，都来自真实生活！

户外运动是更加有效的方法

有人说，我记性差不想天天吃维生素 D，要保持身材也不想大吃大喝，更没有人在雪天为我唱歌，那还有其他调节情绪的健康方式吗？

我推荐户外运动。首先，运动本身就会促进多巴胺、内啡肽的分泌，可以对抗情绪问题；其次，运动可以转移注意力，让人从不愉快的情绪中抽离出来；最后，运动对改善健康状况、睡眠、皮肤、体态也有好处，身体好、睡得香、皮肤好、身材好，心情也会跟着变好。

有人说，我去健身房健身可以吗？当然可以，但我更推荐户外运动。因为户外运动结合了日照和运动，能够得到双倍经验值，更有利于情绪健康。

有研究发现，在进行日光疗法的同时配合运动，可以更快地缓解抑郁症状。这也是为什么很多人在长期户外运动之后，生活态度都变得积极向上了。

被忽视和妖魔化的产后抑郁

关于产后抑郁，很多人问过我："这个概念是不是被过度解读了？"

我的回答都是："没有。"

时至今日，除了产妇群体对产后抑郁有较多的了解，大部分人对产后抑郁的认识仍然不足，甚至有些产妇的丈夫、亲人也会认为产后抑郁是"找碴儿"或"矫情"。实际上，这是由产后激素的急剧变化，加之生活短期内发生巨大改变导致的，和产妇的"脾气"没有多大关系。

其实，产后抑郁并没有部分人想象的那么恐怖，毕竟大多数人对产后抑郁的了解都来自新闻报道，然而能成为新闻事件的，一定都是产后抑郁症状相当严重且导致了极端后果（比如伤害婴儿、自杀自残等）的。

首先，产后抑郁并不像一些人想象的那样高发（以为只要生孩子就一定会发生），最新数据显示，其发病率在 10% 左右；其次，在发病人群中，大约 80% 以上的为轻症，如果辅以积极的心理咨询或治疗手段，往往可在 1~6 个月内自行缓解，一般不会对正常生活造成太大影响。但重症患者一定要及时就诊，以避免悲剧的发生。

我个人观察到的现状是：一方面，大多数人对产后抑郁的认识不足，不懂判断，不会调节；另一方面，不少人在一知半解的情况下将其妖魔化，对其产生过于恐惧的心理。对于产后抑郁，我们应该在战略上藐视它，但是在战术上要充分重视它。

产后抑郁的典型症状

首先，产后抑郁的临床特征与抑郁症一样，都伴随着长时间的心境低落、快感缺失、郁郁寡欢、易怒易悲易流泪、社交减少、自我价值感降低、生活无意义感加重、失眠或倦怠、食欲性欲减退、体重降低等症状，严重者甚至有攻击、自残或自杀的倾向。如果上述症状出现超过一个月，有可能就是产后抑郁了。

然而，与其他抑郁不同的是，产后抑郁往往又与"生产"和"育儿"息息相关，所以又具备一些特有的特征。

第一种情况是，产妇过于担心婴儿的养育问题，过分焦虑婴儿的健康、发育和成长状况，认为自己照顾不好婴儿，因而产生强烈的自罪自责感，觉得"我无法做个好妈妈"。

另一种情况是，产妇过于担心婴儿对自己原有生活轨迹的影响，担心自己的事业、健康、睡眠、经济状况、娱乐、交际、身材、容貌、夫妻关系等会受到负面影响，自我评价降低。有的产妇会不情愿喂养婴儿，甚至不愿意看到婴儿，更有甚者会自暴自弃，觉得"我的人生已经被孩子毁了"。

经验之谈：开启"战抑"模式

作为二胎奶爸，就这个话题，我不仅有心理学方面的知识，也有"过来人"的经验。

当初鹿老师产后症状就属于典型的第一种情况。在度过了迎接新生命到来的最初喜悦之后，她大概在产后一周的时候开始突然每天以泪洗面（情绪低落）、茶饭不思（食欲减退）、夜不能寐（失眠）。

我问她怎么了，有什么烦恼可以说出来，大家一起想办法解决。她说："我看着孩子这么小，突然害怕自己无法好好照顾他。世界这么危险，而他这么弱小，我为什么擅作主张带他来到这个世上？"她的这种心理，在看了儿童伤害案相关新闻后更为严重："如果他受到任何伤害，那我就是有罪（自罪

心理)。"

家里亲人觉得她想太多了，"都是闲的"，但我认为她像是产后抑郁了。除了生理症状，她还出现了强烈的自责自罪感，而这种自我低评价正是来自对养育婴儿的过度焦虑。

一般来说，确诊产后抑郁常用的工具就是爱丁堡产后抑郁自测量表（EPDS），其判断标准为：得分 ≥ 10 分为产后抑郁症患者，其中，< 13 分为轻症，≥ 13 分为重症。如果怀疑自己或身边的朋友有产后抑郁倾向，可以根据这份量表进行测试。

我当时制订了一系列计划，开启了"战抑"模式，在此分享给正在经历（或疑似经历）产后抑郁的读者。一些患轻度产后抑郁症的妈妈，也可以尝试下列方式进行自我调节。

帮助产妇消除负面因素的影响

产妇陷入抑郁的沼泽，往往是由于在产后生活中经历的负面事件，再加上激素的影响，很容易产生不良的情绪。

比如，很多新手父母会认为自己带不好孩子，并且将这些猜想进行一种灾难化的放大。其实，根据我多年的经验，一般向我咨询"我某某事没做好，会不会给孩子留下心理阴影"的父母，往往非常顾及孩子的感受，这种父母反而最不会给孩子留下什么心理阴影。那些担心自己照顾不好孩子的妈妈，往往对孩子非常上心，恰恰能给孩子很好的照料。在儿童伤害类新闻中，一部分是小概率意外事件，剩下的才是因父母疏于照顾而引发的。所以新手妈妈要告诉自己，我们只需尽好自己的义务，剩下的就交给命运。

还有一种情况，有的新手妈妈觉得自己的人生被孩子的出生给毁了，她们同样也要纠正灾难化的认知——绝大多数新手父母在经历了最初的手忙脚乱之后，都可以找到方法让生活重回正轨，因此这类新手妈妈要在心中树立"我还是原来的职场精英、敢闯敢做的自由灵魂、父母疼爱的小女儿"的认知。

当然，做到这一切并不容易，同时离不开社会的支持。其中最关键的是，新手爸爸需要意识到自己的责任，共同参与婴儿的养育过程。可以说，爸爸除了不能亲自母乳喂养，其他所有事情都可以承担起责任——给宝宝洗澡、换尿不湿、哄睡、冲奶粉、喂辅食等。一方面，让妻子从养育孩子的家务中解放出来，有时间出去和朋友聚会、游泳健身、见重要客户；另一方面，也减少了老人帮忙带孩子而产生的代际矛盾、婆媳矛盾等。多了社交，少了家庭矛盾，产妇的心情自然会变好，最大的受益者就是丈夫和孩子。

千万不要觉得带孩子是妈妈一个人的事情，如果妈妈在养育的旋涡中挣扎，怎么可能有精力回到原来的生活轨迹呢？

也不要觉得有外婆、奶奶、月嫂等人的帮忙就不用爸爸参与了。爸爸共同承担育儿责任，是增进夫妻感情、安抚妻子情绪最重要的方法。爸爸的作用是其他任何人都替代不了的。

饮食、运动与光照组合疗法

这套方法我在很多场合都提到过。面对不严重的抑郁发作，大家可以尝试服用维生素 B、维生素 D，喝点热巧克力，以及适当的运动（微微出汗即可）与晒太阳等方法，来改善多巴胺的分泌。鹿老师当时每天服用维生素 B、维生素 D，喝一杯热巧克力，再做一些瑜伽与冥想（量力而行，产后不要进行太高难度、太剧烈的运动），以此来进行调节。

另外，月子期间产妇不出门，晒不到太阳，也容易加重抑郁症状。鹿老师生产时正值盛夏，每天都是艳阳天，不过家中长辈恪守月子规矩：不能出门，不能开窗受风。我眼睁睁看着那白花花的太阳不能晒，真是暴殄天物！所以，在她生产完两周之后，我每天中午会趁长辈午休时带她"偷偷"出去散步晒太阳（关于这一点，每个人要根据自身情况量力而行，千万不要盲目效仿！鹿老师产后当天就能下地走动，三天后行动如风，而且她体质偏热不怕冷，夏天也不像秋冬容易着凉，所以她这么做没事。但如果产妇体质虚弱、怕冷怕风，还是乖乖在家休养，即使要晒太阳也就在室内靠窗的地方或阳台上晒一晒！）。

转移注意力，找回意义感

绝大多数产妇都会有一段较长时间的产假，这期间既不用工作，也没有娱乐社交。产妇除了喂奶就是带孩子，很容易由于社交隔绝、育儿冲突、家庭矛盾而加重情绪压力，甚至产生人生无望、活着没意义的感觉。

产妇如果有这种情况出现，可以系统性地完成一件事情，让每天充实起来，转移注意力。

当时我岳父岳母建议鹿老师去考驾照，月子里她开始复习理论科目，满月后就去驾校练车，最终在产假结束前顺利拿到了驾照，并且利用这个驾照摇到了新能源车的车牌号。这件事让她很高兴，她觉得产假没有荒废，不仅学习了新技能，还为家庭做了贡献，自我价值感和自我肯定感大幅上升。（关于这一点，还是要根据个人实际情况量力而行，产后虚弱的朋友千万不要盲目模仿！）

所以我觉得，闲不住的小伙伴可以利用产假考个证书或驾照、在线学习一门课程、练字修心、健身练马甲线，这些活动都是不错的选择。当然，愿意休息的小伙伴也不用勉强自己，完全放空、优哉游哉也是应该的！

"骂醒"疗法

当鹿老师开始钻牛角尖时，岳母就会说："我看你是日子太好过了！赶紧来帮我择菜！"这么一个当头棒喝，鹿老师就会不好意思地笑笑，立马去帮忙做家务。

这种"骂醒"的方式其实也是一种认知行为疗法，原理和宗旨就是扭转认知。但不同之处是，大部分认知行为疗法都是循循善诱，好说好道的，而"骂醒"是用一种较强的冲击力让人从情绪旋涡中回归现实。这有点类似心理咨询中的"棒喝"疗法，区别是心理咨询师不能责骂来访者。

当然，此法剑走偏锋，使用须谨慎。尤其要注意，婆婆、丈夫切不可用，母女关系没那么亲密的也要慎用。此法较为适用于关系较亲密的母女、闺蜜之间。

上述几种方式对于抑郁状态（或是部分轻症患者）有一定的缓解作用。一般而言，经过一段时间的自我调节，产妇都可以回到生活正轨。

症状较严重的产后抑郁，比如产妇出现了伤害婴儿、自残自伤，甚至自杀等情况，请务必去专业机构求助专业的心理医生和神经内科专家，根据医嘱进行药物治疗或物理治疗。产妇的家人也应多加关心、学会甄别，遇到类似情况需引起足够重视，及早干预，以免小病拖成大病，造成悲剧。

祝愿新手妈妈都能好好享受这一段和宝宝相处的亲密时光。

情绪性胃病不仅仅是心理作用

一位亲戚问我，为什么自己的孩子一紧张就胃疼，尤其临近考试时总是呕吐。

我是研究心理学的学者，并不是消化科医生，为什么孩子得胃病要来咨询我呢？原来这位亲戚认为："他这些毛病都是心理作用引起的，我们平时把他照顾得都挺好，饮食起居很规律，从来没有瞎吃过外面的东西，他怎么可能有胃病呢？而且他不考试也不犯胃病，一到考试就犯胃病，这不是心理作用是什么？"

这位亲戚有一点没说错：情绪问题确实会导致胃病，但另一点说错了，他认为情绪性胃病不是胃病。

作为一个胃溃疡老患者，我对亲戚家孩子的情况再熟悉不过了。我曾经在高三学习紧张的时候有过每天胃痛得死去活来的经历，后来这些症状被诊断为情绪性胃病以及肠易激综合征

（IBS），这是学习压力太大导致的。

起初，每当我胃痛的时候，我爸妈总是用满满的正能量鼓励我——"别怕！你这不是胃病，你就是心理作用！""加油！你可以的！""你别总想着，越想越觉得疼，不想就没事了！"

然而我的胃显然有它自己的想法，鼓励和正能量都不见效。后来家人见我实在无法忍受，终于带我去做胃镜。在拿到"胃溃疡"诊断的那刻，我委屈地哭了出来，有一种沉冤得雪的心情："看吧，我是真的痛！"我母亲也很纳闷："医生不是说是情绪引起的吗？那不就是心理作用吗？怎么还真的胃溃疡了？"

情绪引发的疾病并不是心理作用产生的幻觉

我们总说"心病还需心药医"，所以很多人（尤其是老一辈人）往往存在这样一种误解：心理性、情绪性的疾病引起的生理症状都是幻觉，不需要治疗。

这种误解在我们的社会文化中非常典型和普遍："心理疾病"等于"没病"，"情绪问题"等于"没有问题"，"心理作用导致的难受"等于"不是真的难受"。所以周围人总是试图通过"安慰""开导""鼓励"来让我们无视症状、战胜症状。

很多人会片面地认为，胃部疾病是饮食不规律、不健康导致的。比如我经常听到这样一句话："我今天没吃什么不干净的东西，怎么会肚子痛呢？"

其实大多数胃痛是由于胃黏膜受到不同程度的损伤引起的。"胃部疾病都是乱吃东西导致的"这种观点虽然片面，但是常见的胃黏膜攻击因子确实是刺激性食物（例如冰、油、辣、烫）居多。然而情绪性胃病也是胃病，也会有真切的躯体症状存在，甚至引发器质性病变，比如胃黏膜损伤、胃溃疡等。

压力大会引起消化系统疾病

一个人如果处于精神紧张、焦虑、愤怒、疲劳等高压状态下，这些不良情绪会通过大脑影响自主神经系统，使自主神经系统的交感神经兴奋，并且压抑副交感神经。伴随着交感神经兴奋的是或战或逃反应，因此大量血液会向肌肉集中（保证有足够的力量来战斗或逃跑），而消化系统（主要受副交感神经调控）的供血则会被压抑，从而导致供血不足。

长此以往，容易引起胃肠道功能失调，导致保护胃黏膜的黏液分泌减少，而胃酸和胃蛋白酶分泌过多。过多的胃酸会使胃黏膜受到损伤。也就是说，心理压力也会导致器质性损伤，比如胃黏膜损伤，带来真真切切的胃痛，甚至发展成胃溃疡。

与此同时，在或战或逃反应被激活的情况下，身体要为战斗或是逃跑做准备，就会主动减轻自己的负担，最简单的方式就是引发呕吐（达到减重的目的）。长期呕吐非常伤害消化系统，导致胃酸逆流、胃溃疡等疾病。

"心身疾病"

在心理学中，这种由不良情绪引发的生理疾病被称为"心身疾病"。

心身疾病的发生、发展与心理和社会因素密切相关，但以躯体症状表现为主。它具有几个特点：首先，心理因素在疾病的引发过程中起重要作用；其次，它会出现躯体症状，并且有器质性病理改变；最后，也是更重要的，这些躯体症状虽然由心理因素导致，但并不是个体臆想出来的病征，不能用简单的"心理作用"来解释。胃病（例如胃溃疡、十二指肠溃疡等）就是一种非常典型的心身疾病。

心身疾病患者需要同时进行心理治疗和躯体治疗，只治疗其中一个，而忽略另一方面的治疗，都会事倍功半。如果过分夸大患者心态调整的主观能动性（"加油，你能行！"），是无法摆脱症状的。所以仅仅依靠心理调节，而不给予药物治疗，很容易延误病情。

因此，我建议那位亲戚带孩子去医院就诊，给予恰当的药物治疗，不要讳疾忌医，不要排斥用药。当心身疾病发生时，不要抱有"心病还需心药医"的错误观念，心理干预或者心理调节当然是一方面，但是对症用药、缓解躯体症状也是非常必要的。它不仅可以减轻症状、消除痛苦，还能帮助患者缓解因为躯体症状而加重的焦虑，树立战胜自我的信心。

重大事件前的焦虑紧张

重大事件前紧张不一定是坏事

众所周知，一个人的心态可能会影响他的发挥，甚至是结果的好坏。但是总有一些人平时心态稳定，表现良好，一遇到重大事件就会非常焦虑紧张。比如，每年高考前都会有人问我"考前紧张怎么办"这类问题。

我一直强调，遇到重大事件一点都不紧张的人，可能并不会比紧张过度的人表现更好，适度的紧张反而会让人有更好的表现。

从进化的角度来说，紧张、焦虑等负面情绪是帮助我们更好适应环境的一种正常反应。适度的紧张焦虑能够激发脏器的潜能，提高思考力、反应力和警觉性，帮助我们趋利避害，提高我们在应激状态下的表现。

就焦虑和绩效之间的关系，耶基斯-多德森定律指出，个体的动机水平和绩效之间呈现出钟形曲线的关系。也就是说，适度的压力有助于做出更好的绩效，完全没有压力和压力过大都会降低绩效。压力太大了会把担子崩断，但毫无压力同样无法取得成果。

所以大事之前紧张未必是坏事，对大部分人来说，学会"接纳自己的紧张"就可以了。

好心态不等于不愁、不想

要想保持好的心态，首先要弄明白什么是好心态。好心态并不等于什么都不想、什么都不愁。假设有人什么都不知道，两眼一抹黑，压根就不紧张——那只是无知者无畏。他们的内心多半是："担心做不好？这还用担心吗？不用担心！肯定做不好啊！"

我的观点是：保持警觉而不紧绷。

"保持警觉"是指让机体在一段时间内保持高度唤醒的状态，让神经递质保持在较高的分泌水平，但是这种高度唤醒的状态是用来保持健康活力和冷静思考力的，不是用来胡思乱想的。

"不紧绷"就是不要把自己变成惊弓之鸟，保持平时的节奏，吃喝睡觉都不必区别对待。比如有人在高考前夕不能接受周围发出的任何一点声音，有的家长甚至会去跟邻居打招呼，请周围的人不要发出任何正常生活可能发出的声音。虽然这个做法大部分人都能理解，但这反过来会给考生制造紧张。

适度紧张有助于发挥，过度紧张可适当调整

我们知道，压力可导致交感神经系统兴奋，肾上腺素、去甲肾上腺素、5–羟色胺等分泌增加，这些激素、神经递质原始的作用并不是为了伤害人体，而是为提高我们的表现准备的。比如，"急中生智"就是在紧急压力的刺激下增加神经递质和激素的分泌，从而提高一个人的表现水平。

但长期过度的压力，会导致 HPA 轴（下丘脑–垂体–肾上腺轴）被过度激活，对海马造成毒性反应，从而影响表现。

如果你感到自己在重大事件前过度紧张了，无法保持活力和警醒，变得更加颓废，建议你尝试以下方法进行自我调整。

着眼当下，不想未来

人类从什么时候开始焦虑的？始于我们对"未来"这个概念有了认知。所谓"人无远虑，必有近忧"，当我们开始为未

来做计划、做设想的时候，焦虑的情绪便产生了。

如果我们对未来过度担心，将未来的风险以及愿望落空的可能性进行了不合理的夸大，就会导致焦虑发作甚至引发焦虑症。

很多人说我特别淡定，好奇我是怎么做到的。我总结了一下就是：不念过去，不想将来。过去的事情，已经过去了；将来的事情，只要做好现在该做的，其他的交给运气。

这并不是教大家不要谋划未来，而是想说美好的未来是脚踏实地做好当下，一步步铺垫形成的，不是躺在床上胡思乱想就能自然实现的。

假设你发现自己陷入了对未来无意义的恐慌中，一定要将自己抽离出来。比如，明天要向客户汇报工作，现在就好好排练演讲；明天要考试，现在就好好复习；哪怕休息一会儿，看会儿闲书，浇浇花草也是不错的选择。着眼当下、聚焦当下，不去想"万一明天发生什么会怎样"。不管是休息还是着手准备，都好过莫名担忧。

进行冥想与正念训练

"正念"一词源自佛教，被心理学概念应用之后，去掉了其宗教意义的部分，留下了放松训练的功能。

正念训练的具体做法是：选择一个注意对象，可以是窗外的雨声，或是自己的呼吸乃至身体感觉；再选一个舒服的姿势坐下来，配合指导语，闭上眼睛，腹式呼吸放松一分钟后，调整至自然呼吸，将注意力集中在雨声或呼吸声上。正念训练过程中，注意力转移和思绪飘散都很正常，不要害怕和着急，也不要评判自己，将思绪拉回来继续观察即可。通常，放松练习时间是 10~15 分钟，不会耽误正事。

正念其实就是训练个体"关注当下""不念过去，不想将来"的一种方法。除了正念训练，瑜伽、冥想等轻柔运动也有类似的放松作用。

全然自我接纳

鹿老师曾经在某社交平台上关注了一位神经内科医生，他专门治疗焦虑、精神紧张等问题。我们挺欣赏这位医生的风格，那是真正的通透。

这里引用他说过的几句话：

· 面对焦虑、紧张、恐惧时，告诉自己：疯了就疯了，死了就死了，多大点事儿啊！

· 躯体症状怎么消除？不消除、不解决、不抵抗。"烂命"一条，由它去吧！

· 失眠怎么办？失眠就失眠，很多人失眠很多年，都活得好好的。

这位医生的话，看起来很"消极"，很不"正能量"，但是他的患者都表示"太治愈了"。这是为什么呢？假设揪着他的话反驳，有些字眼可能经不起推敲——疯了怎么行？死了怎么行？命运怎么能不抗争？失眠怎么能放任自流？但这番话的字面意思并不是他的实际意图，他也不是说给一般人听的，而是专门针对那些严重焦虑的人。

因为这些严重焦虑的人最大的问题就是"学不会接纳"——不能接纳不完美，不能接纳未知，不能接纳1%的不确定性。他们会把1%的担忧放大成100%的恐惧，甚至会因为那1%的不确定毁掉自己99%的美好人生。

所以这位医生的话是"置之死地而后生"的说法。如果100%的坏结果都能全然接纳，那1%的不确定又有什么可怕的呢？

还是担心突发状况怎么办？

如果你还是有诸多担心，比如，"万一有突发情况，我准备了三个月的活动取消了怎么办？""考试当天突然发烧怎么办？"那么仍是我上面所说的——把注意力集中在自身无法控制且未必会发生的小概率事件上，属于瞎担心。不妨将注意力集中在自己能够控制的事情上，比如去阅读，让思维保持清醒，或者去休息，以保持充沛精力。

万一真遇上突发状况，最坏的情况就是白忙活了，这也不是什么天塌下来的大事。我就遇到过这样的情况，那时我告诉自己，"老天爷"不会一直跟我过不去，这次白费功夫，下次一定能成功。

关于惊恐发作

惊恐发作是一种焦虑发作，它不像"抑郁症""焦虑症"等概念广为人知。为了让大家对它有比较具体的认知，我想分享一件生活中的小事。

那是我和妻子初入社会时发生的事情。在经历了职场险恶、亲人离世、健康亮红灯等状况后，鹿老师那段时间明显情绪低落、日夜焦虑，身体也消瘦了。

风和日丽的一天，我在北京突然接到电话，说身在外地的鹿老师晕倒被送进了抢救室。我赶到后医生对我说："她没什么大事儿，就是过度换气，你是不是和她吵架害她大口喘气儿了？下次再这样用牛皮纸袋套在口鼻上呼吸就行了。"

过度换气

过度换气学名叫"通气过度综合征"，它是指患者因为感到呼吸不畅，加快呼吸，体内二氧化碳不断被排出，因二氧化碳浓度过低而导致的呼吸性碱中毒。症状有呼吸困难、肢体麻木、头晕眼花、心跳加速、心悸、晕厥、抽搐等，通常在恐惧、焦虑、生气等状态下容易诱发。急救时套纸袋的目的是将呼出的二氧化碳再吸入体内。

向医生表达谢意后，我问鹿老师："你为什么会突然过度换气？"她答："不是，我一定是得心脏病了。我心悸胸闷，心跳特别快，手脚抽筋，浑身发软发麻，像有无数只蚂蚁在身上爬，一阵阵凉气从我的脊梁骨直往脑门蹿，我呼吸不到空气，所以才大口喘气儿，我刚才觉得快要死了。"

我看了她的检查报告，心电图、脑部扫描、血液检查、X光片……所有检查结果统统正常。起初我们以为这只是一个偶然事件，但没想到接下来几天，她每天都要发作好多次，每次都痛苦得濒临死亡一般。于是我们又去了另外两家医院再做检查，结果仍然是一切正常。

这时我的岳父岳母都认为她在无病呻吟，一向主张坚强自立的岳父语重心长地教育她："杞人忧天，庸人自扰。大好青春不用来奋斗、为社会做贡献，却沉迷于疑神疑鬼，这样怎能成大器？"

　　而我则在思考，即使医生的水平有高有低，仪器设备肯定不会同时发生故障。既然检查结果正常，那说明她确实没有器质性病变。此时，一连串的关键词突然蹦进我的脑海中。

- 各项体检结果正常——无器质性病变；
- 呼吸不到空气——窒息感；
- 感觉自己快要死了——濒死感；
- 浑身发软，脊梁骨蹿凉气——恐惧感；
- 身上像有蚂蚁在爬——发麻、刺痛感；
- 心跳特别快——心动过速；

......

　　面对这些关键词，我的记忆被拉回到大三的课堂上。当时，钱铭怡老师讲授的《变态心理学》中，专门有一章讲述了惊恐发作。

惊恐发作

　　所谓惊恐发作，是指一种突然袭来的极度恐惧的心理状态，通常伴有胸闷心悸、心动过速、眩晕、窒息、过度换气、麻木刺痛、晕倒等生理症状（请注意，上述症状需要进行临床检查以排除器质性病变，也就是说，需要去医院检查排除心脏病等疾病），以及莫名的濒死感、恐惧感、末日感、大难临头感等心理症状，而患者甚至不知道自己恐惧的来由是什么。

人活一世，很多人难免要经历一两次惊恐发作。虽然症状来势凶猛，但惊恐发作大多数时候并不会对身体健康造成太大影响。

对于反复出现的惊恐发作，如果患者受困于此并且想方设法掩盖其症状，反而会使自己显得举止异常，长此以往，会影响正常的社交、工作、学习和生活。反之，这种心理压力又会影响心境，加剧焦虑与恐惧，形成恶性循环。当这种状态持续一个月以上，就可以称之为"惊恐障碍"了。

惊恐发作或许不存在任何诱因，可能与生活中的应激性事件有关（比如身体过度劳累、情感创伤等），还可能与特定的情境有关（例如广场恐惧症、人群恐惧症也可能诱使惊恐发作）。

那段时间鹿老师经历了工作高压、亲人离世等生活打击，我大致可以确定她是焦虑症伴有惊恐发作症状。幸好，她的症状没有超过一个月，还可以力挽狂澜。

接下来的任务就是鼓励她离开糟心的工作环境，陪她聊天散步，调整作息时间，早睡早起，督促她积极锻炼、积极生活（比如跑步、爬山、骑行、看戏、逛胡同）……最关键的是，鼓励她坚定"惊恐发作不会致死"的信念（惊恐发作最难受的症状之一就是濒死感），坦然接受症状，静待症状消失（症状通常只持续 10~15 分钟），并安抚她的情绪。

大约两周之后，她难受的频率逐渐减少，最后，她完全恢复了正常，和原来一样健康活泼，并且找到了心仪的工作。

几年后的一天，她突然说道："我今天听说，我们一位朋友的朋友，天天喊自己心脏病犯了要死了，去检查又没有查出毛病，不知道自己是怎么了，还被家人误会为装病。因为没有及时就医进行干预，后来都无法工作，天天颓废在家，最后被诊断为反复的惊恐发作发展成了惊恐障碍。我这才意识到，你当时救了我，原来心理学真的是科学呀！"

我答："废话，你以为呢？"

于是，她模仿《大话西游》里紫霞仙子的经典台词说道："我以为，我的意中人该是一个盖世英雄，有一天他会身披金甲圣衣，踩着七彩祥云来娶我。但后来，我不羡慕紫霞和至尊宝了，因为好的爱情不该让人走向毁灭，而是应该让人变得更好、更健康……我的意中人是一个盖世英雄，他手持《变态心理学》拯救了我的身心。"

之所以写出这段往事，并不是要指责当时的医生医术不精。因为医生并不像我一样了解鹿老师的情况，并且她当时也病得七荤八素，向医生描述症状也不够精准。很多疾病的临床症状是非常相似的，并不能凭症状就妄下结论。

如果患者之前社会功能良好、病程较短，经过生活方式调节和心理调整，通常无须药物治疗都能痊愈。但如果病程较长且重，甚至合并了抑郁、药物滥用、人格障碍等问题，这类患者的治疗难度会更高。

所以，如果有疑似惊恐发作甚至惊恐障碍的读者，请务必及时向心理咨询师或医院医生求助，按照医嘱接受心理治疗和药物治疗。症状不严重的同学，也可以按照上文中的方法自我调整。症状若没有得到改善的话，要及时就诊，切勿讳疾忌医，小病拖成大病。

强迫症——脑海中的恶毒声音

你所了解的强迫症是什么样的呢?

是不是物品都要按照颜色、大小摆放整齐,家里必须打扫得一尘不染? 生活中的一切都要求井然有序,对各种细节吹毛求疵,希望所有事物都按部就班且极尽完美? 同时,对秩序、分类、干净、整洁等有着超乎常人的苛刻需求?

确实,这些表现非常符合大众对强迫症的一贯认知,然而这并不是严格意义上的强迫症,只是一种强迫型人格障碍,甚至可以说,是一部分当代青年的爱好。

很多时候,一个人轻微的强迫型人格障碍并不会让其本人感到痛苦,也不会给自己和他人的正常生活造成太大困扰,甚至有人乐在其中(比如《生活大爆炸》中的"谢耳朵")。这类情况,其实没有必要求医,往往他们也没有求医意愿。比如,停车时,我要把车停得横平竖直,前后左右的距离必须相等,心里才舒坦。我会为此感到痛苦吗？不会，相反我感到很快乐。所以，很多人把这种行为称为"强迫福利"，因为他们从中体验到的是愉悦。

只有强迫型人格障碍比较严重，影响了正常生活，且有可能合并了焦虑症、恐惧症、刻板行为、强迫性闯入思维等症状的，才需要求助心理咨询师或神经内科医生。

什么是真正的强迫症？

既然强迫型人格障碍并不是强迫症，那什么才是真正的强迫症？比如：

"我必须右脚进门，不然就要下楼重新爬一次。"

"我必须数清楚路边的每一棵树，不然就会死掉。"

"在红绿灯转换之前，我不能眨眼或者呼吸，否则就会有灾难降临。"

"到达下个路口之前，我必须一字不差地背完一首唐诗，不然就得退回去重新走一遍。"

……

有人将这些想法称为"脑海中的恶毒声音"，可以说表达得比较形象直白了——明明知道某个想法、行为不合理甚至荒谬，却无法控制自己的意志，强迫自己做出无意义的甚至违背意愿的思考或行为，比如：

- 强迫怀疑：反复检查门窗有没有关，检查了一遍又一遍；
- 强迫回忆：强迫自己回忆某件事，回忆错了逼着自己重来一遍；
- 强迫记数：看见路边的路灯或者柱子，逼着自己数，数错了还要从头再来；
- 强迫联想：看到某句话，无法自控地联想另一句话；
- 强迫冲动：无法自控地出现某种不合时宜的冲动，比如，从高处跳下去，在领导面前做鬼脸，破坏公共财产，等等；
- 强迫仪式行为：明知毫无意义，却逼着自己反复做出某个动作或某种行为，做错了也得重来……

这些强迫思维或强迫行为具有强烈的闯入性。虽然客观上看起来这些事情都是自己可以控制的，但患者其实无法自控，他们用尽方法极力抵抗，却始终无法阻挡这些想法和冲动的侵入，并且因此严重影响到正常的学习、生活、工作和社交等。

比如上述例子里的"我必须右脚进门，不然就要下楼重新爬一次"就是一种强迫性的仪式动作，患者往往会强迫自己完成一系列带有迷信意味的复杂仪式动作，来消除内心的焦虑不安。又比如进门前必须踩 5 次左脚，再踩 5 次右脚，其中某一次完成得不好必须重来，否则就会遭遇不好的事情……

强迫症往往有一个特点：重复。这会导致患者在无意义的举动上花费大量的时间。真正的强迫症带给患者的痛苦和困扰是巨大的。

当然，强迫型人格障碍和强迫症在某些症状上有一定的重合，比如可能都存在闯入性的思维，并且强迫型人格障碍和强迫症也有可能同时发生在一个人身上。所以非专业人士有时难以严格区分这两种症状。

强迫症的治疗

长期且严重的强迫症，需要求助心理医生，接受系统的专业治疗，比如认知行为疗法、人际关系疗法。更严重者需要在神经内科医生的指导下进行药物治疗（我认识的一位朋友患有严重强迫症，药物治疗后有所改善）和物理治疗（比如无抽搐电休克治疗）等。

如果症状并不严重，也可以尝试自我调整。

放松疗法

强迫症往往和焦虑情绪密不可分。比如焦虑忘记锁门，焦虑如果不做某个行为可能导致严重后果，等等。缓解焦虑的方式比较多样，可以通过正念训练、冥想放松等方法对抗脑中闯入的杂念，也可以通过按摩、运动、娱乐等方式来舒缓紧绷的神经。

以正念为例，正念强调"不评价，只感受"，即使对于闯入的观点，也只是观察它、记录它，不做评价。举个例子，你突然想到"今天万一没锁门怎么办"，如果你的评价是"完蛋了""这个问题一定要解决"，这个突然闯入的想法就可能成为问题；相反，如果你的反应是"没必要去管的""没锁就没锁呗"，那它就不再成为困扰。

假如我们把脑海中的想法、感觉等比作火车，那么只需要简单地退后一步，站在旁边看着火车开过，用"不反应"来面对每个念头、情绪和躯体感受。

通过暴露疗法改变错误认知

改变错误认知往往需要结合暴露疗法或系统脱敏疗法，比如将患者暴露在"可怕"的情境中——摸了脏东西不能洗手，东西杂乱不能整理，离开家后不能回头检查房门，不跺脚直接进门，等等。在这些"可怕"的情境下不采取任何行动，看看是否会有可怕的后果发生，让客观事实来扭转错误的认知。

错误认知得以扭转，症状才能逐步得到控制。同时这种暴露应由浅到深，必要时需有家人（甚至治疗师）陪伴，以便及时应对患者突发的情绪问题。

接纳症状

实在控制不了症状，那就把心态放宽一些，接纳症状。有时候越是强迫自己"不要强迫"，就越是容易强迫自己"强迫"。不如不回避、不消除、不对抗，接纳症状，与症状和平共处。跺脚也好，拍手也好，"我只是一个有点小动作的正常人而已"，不把自己当成"怪人"。不刻意回避症状时，就不会过度关注它，反而能在一定程度上缓解症状。

幻想"小助理"

这个方法不是教科书中介绍的"官方"疗法，而是一名患者的经验之谈。强迫症其实很难根治，但是这个"偏方"也许能减轻患者的痛苦和困扰，降低强迫症对生活、社交的影响。

具体而言，你会在脑海中幻想出一个"小助理"，帮助自己完成闯入的强迫思维、冲动或行为。"小助理"可以没有具体形象，也可以有具体形象，比如白雪公主或是某位你喜欢的老师。

当脑海中又出现"恶毒声音"的时候，就请"小助理"帮助你"一键完成"强迫动作。比如，你强迫自己跺脚 100 次时，就请出脑海中的"小助理":"白雪公主,请帮我完成跺脚。"再比如,当你强迫自己背诵 15 遍《道德经》时,又可以请出另一位"小助理":"张老师,请背诵 15 遍《道德经》。"

通过这种方式,大脑不必再被那些庞杂无用的信息无限占据和干扰,患者也不用担心成为别人眼中整天拍手跺脚的怪人。虽然强迫症并没有被根治,但是它带来的痛苦和对生活的影响减小了。

这个方法挺有意思的,有此困扰的朋友也许可以尝试一下。当然,症状严重、经过自我调节之后仍然无法改善的,不要讳疾忌医,最好到正规医院进行治疗。

迟到强迫症和晚睡强迫症

我认识一位爱迟到的朋友。从上小学第一天，到工作后的第 N 年，她始终稳坐"迟到大王"的宝座。

为此，她从小没少受父母的责骂与说教，成年后也时常收到领导转发的职场警句和人生忠告，比如细节决定成败，迟到的员工没有前途，余生必将在暗淡悔恨中度过，等等。

然而，不管父母怎么责骂，或被扣了多少全勤奖金，都无法阻挡她想迟到的心。哪怕某天起了个大早，她也一定会因为种种原因赶个晚集——没打到车，没化好妆，出门脚崴了，衣服被钩破了……

起初，我和所有人一样，只当她不守时、没有责任心。后来我才发现，在她面临的人生问题中，迟到真的算不上个事儿，更严重的是她焦虑抑郁、敏感易怒，有评价恐惧症、强迫症行为，以及极其拧巴的原生家庭关系。

或者说，迟到只是一个表象，就像身体表面的溃烂，看着触目惊心，但溃烂的脓疮本身不是病，而是病症引起的白细胞对身体的自我保护。

因此，我安慰她："迟到算什么，算杀头的罪过吗？"

我这番话当然遭到了周围人的批评。迟到怎么不严重？面试迟到，得不到工作机会；见客户迟到，可能影响一单生意；见领导迟到留下的不良印象，几倍的优良表现都无法弥补……这些说法都对，我自己很守时，也非常不喜欢别人迟到。但为什么我要安慰她迟到是一件不重要的小事呢？

因为随着接触的深入，我发现她在开会、见客户、做活动、赶飞机等重要事项中，从来没有迟到过。这就意味着，她明明可以做到不迟到。同时这也指向一种可能性——问题并不出在"迟到"本身。

再后来我又发现，她并不是不在乎迟到这件事情。相反，她对自己天天迟到倍感困扰，因此经常焦虑得整晚睡不着，于是上网搜索避免迟到的小贴士直到半夜，第二天毫无悬念地起不了床，又迟到了。

她也非常在意领导和同事指出的她常迟到的问题，尽管别人是出于善意，她的玻璃心却能立刻碎成渣……

可以说她对迟到的焦虑程度，甚至超过了迟到本身对她的影响。不光是迟到，生活中方方面面的小事都给她带来了同样的困扰。她每天活在自责中，认为自己是个一事无成的失败者，也活在对前途渺茫的恐惧中。尽管这样，她却无法"痛改前非"。

她的迟到几乎是一种"强迫"行为。即使时间充裕，她也会因为各种原本可以避免的原因磨蹭到最后一刻。假设她9点上班，从家到公司路程正常需要一小时，再算上堵车时间，只要7点30分出门就完全可以避免迟到，但她不会给自己预留任何余地，宁可磨蹭到7点59分也绝不会提前出门。一旦遇到堵车或其他突发状况，迟到就毫不意外了。

这和"晚睡强迫症"又有相似之处。说是晚睡强迫症，没有勇气结束这一天，其实都是源于内心对一件事情的排斥，而这种排斥可能自己都未曾察觉。它是潜意识里一种"反向形成"的心理防御机制，内心越喜欢什么，表现出来却是越排斥什么；内心越抗拒什么，表现出来就是越无法摆脱什么。

这位爱迟到的小姐姐后来敞开心扉说，类似的事情在她的成长经历中还有很多：

- 鸡蛋剥得不光滑，被斥为"弱智""小事都做不好""让人瞧不起"；
- 房间乱意味着"不自爱""邋遢"，将来"没人愿意娶你"；
- 穿吊带背心，是"有伤风化"，被形容"肥得像猪一样"
……

这些被父母痛斥的"罪状"，她一条都没有改正。她只能在父母看不见的地方，焦虑自责的同时又"屡教不改"。于是在她每次诉苦时，我都不厌其烦地告诉她：

- 鸡蛋剥得不光滑又怎样？剥得好能竞选总统吗？
- 不会收拾屋子有什么？只要花几十块钱，钟点工就可以帮你做得又快又好，通过社会分工可以解放自己，为何非要跟自己过不去？
- 穿吊带背心怎么了？够得上公共场合行为不检的罪名吗？会被检控吗？

……

有人可能要反驳，动手能力差，不整洁自律，不懂着装穿搭，确实是减分项呀。

你们说得都没错，但如同迟到一样，和她的心理问题相比，这些减分项真的不重要。心病先得用心药医，才谈得上其他。

"我长大后唯一改掉的大概就是留指甲。"她说。小时候父母不允许她留长指甲，见她指甲长了就会咬牙切齿地骂她"恶心""龌龊""不像正经女孩"，甚至还因此揍过她。即使这样她还是留了 18 年的长指甲，几乎到了不挨揍就不剪的地步。

转机出现在大学之后，她有位女同学整洁、美丽又温和，而且成绩优异，据她形容"像阳光照进了我的生活一般"。

尽管那位女同学并不知情，她开始以那位女同学为榜样，模仿她的衣着，学着她整理书桌，跟着她去图书馆自习。有一天，这位女同学无意中说了一句："呀，你的指甲有点长哦！"从那以后，她再也没有留过长指甲。

就像她明明可以不迟到一样，她也可以做到不邋遢。她并不是热爱迟到，热爱晚睡，热爱邋遢，她只是太热爱反抗父母了。记得叛逆期的孩子吗？虽然在父母的威压下，孩子最终不得不屈服，可父母暴怒的表情、焦急的唠叨，对反抗中的孩子来说，简直是糖果一般的诱惑。

说白了，这又是一起亲子间长期无效甚至反效沟通造成的失败教育的案例——孩子敏感焦虑、父母简单粗暴。对于生活中的一些缺点，她本是中性的态度，却在父母的斥责中不断得到强化。她一方面将这些负面的童年经历延伸至成年后的生活，另一方面又在焦虑和迷茫中对反叛的快感欲罢不能。

父母怒气冲冲的模样，已经内化成她心底的自动思维，具体体现在：当有人从社会常理的角度教育她迟到、邋遢的弊端时，她心中便会自动唤醒创伤体验，感受到强烈的羞辱。

她将说教者视作父母的投影、强权的化身，本能地对假想敌产生排斥和抵触情绪，一再"屡教不改"。直到正面榜样出现，才触发了她内部渴望改变的动力。一个是外部的压力，一个是内在的动力，驱动力不同，行为方式也会不同。

弗洛伊德的精神分析提到了儿童期经历对成人人格的影响，同时他还提到了个体为了缓解焦虑感而采用的无意识对抗方式，如防御机制，即以某种歪曲现实的方式来保护自我，缓和或消除不安和痛苦。（记住，防御机制本身不是病理性质的，相反，它们在维持正常心理健康状态上起着重要的作用。但正常防御功能作用改变的结果可引起心理病理状态。）

防御机制中有一个类别叫攻击机制。迟到或其他坏习惯，是表达对父母不满的一种方式，即"你不许我干什么，我偏要干什么"。假设父母更为强势，反抗意识就被压抑到了潜意识里，即"我也不想和你唱反调呀，但我就是做不好，能咋办"。

当然，弗洛伊德在现代心理学中的地位两极化特别明显，其被诟病的主要问题在于，无意识、潜意识到目前为止还不能够被很好地实证。

因此，后弗洛伊德主义的学者开始从另外的角度进行人格研究。其中，爱利克·埃里克森早期曾受到弗洛伊德的女儿安娜·弗洛伊德的影响，提出了个体发展的八个阶段理论。这一理论认为在心理发展的每一个阶段都存在一种亟待完成的"任务"，成功完成任务可以增强自我力量，帮助个体更好地适应环境，顺利地度过这一阶段，并且提高后续阶段任务完成的可能性。而青春期（12~18岁）的重要任务就在于获得同一性，即自我意识的确定和自我角色的形成。如果不能很好地获得同一性，就会产生"自我认识"与"他人对自己的认识"之间的不一致性，导致的结果要么是强烈对立，要么是盲目顺从。

按照埃里克森的理论，如果一个人没有顺利度过某一阶段，那他就无法平稳地进入人生的下一阶段。比如我的这位朋友，尽管已经步入成年，却还沉湎在青春期反抗父母的叛逆幻觉中无法自拔。

在我的建议下，她和父母一起去看了心理医生。这就是为什么我一再告诉她（以及和她存在类似问题的相当一部分人），迟到是一件不重要的小事。

当她和父母终于都接受了"迟到等缺点并没有那么可怕且不是不可原谅"的观点之后，她并没有变本加厉地成为迟到狂魔。相反，她的迟到连同其他"恶习"都大为改观了。

当然，请不要误解我的意思，认为"迟到没什么大不了的"这句话有神奇的疗效，让她立马获得了新生，这样未免太过于唯心。

她的自我救赎是持续多年、中间来回反复的长期过程。在反复坚信"相比情绪问题，这些小缺点真的不重要"之后，再加上自我调整，她终于肯摒弃自动化思维，与潜意识里埋怨着的父母和解，与内心不肯成长的青春期叛逆少女和解。

　　解开心结，脱离心魔，像割掉毒瘤一般艰难。而她发自内心地想拥有全新的生活方式，这才是她积极成长的真正原因。

人生大事记：
人得修罗场，心有桃花源

2

荣格讨论中年危机话题时提出了一个概念：生命周期的转换（life transition）。在这个转换过程中，人们可能面临各种各样的挑战，导致一系列心理压力、情绪问题的出现。

难道人生只有中年才会碰到压力和挫折吗？并不。纵观整个生命历程，我们任何的人生阶段都会伴随着巨大的身份转换危机：高中生第一次高考，年轻人刚刚毕业走上工作岗位，中年人工作内耗严重是否要重回校园读书充电，留在大城市打拼还是回到家乡……这些人生大事的关口都会带来一些挫折、打击和自我怀疑。

其实我想说的是，不要把眼前的挫折无限放大，因为挫折是人成长过程中必然会经历的，起起落落是生活的常态。也不要害怕与自我怀疑。因为一个人经过了"自我怀疑"阶段，就会进入"自我整合"阶段，整合得好就可以迈入下一个阶段——"自我升华"。

当你开始觉得自己傻的时候，其实说明你要成长了。因为当我们的认知能力还不够的时候，往往会处于"我不知道自己不知道"的自信高峰，而当我们开始怀疑自己傻的时候，恰恰说明我们已经向前迈进了一大步，进入了"我知道自己不知道"的自省阶段，再经过思考和学习之后，就会进入"我知道自己知道"的自洽状态了。

养成自洽的心理状态，不为偏见所困，不被恶意所累，今后自然会选择一个更适合自己、更能发挥自己所长的身份和道路，而不是折断自己的翅膀，限制自己的可能性。

分清内驱力与外驱力，找到人生的答案

　　我应该算是高考的受益者之一吧。有些朋友希望我来讨论一下高考对人生的影响，我觉得自己还没有谈人生的资格，因为我也还在人生路上努力着，时间跨度也不够长，因此我想聊一点自己迄今为止的思考和感想。

　　高考重要吗？我认为当然是的，否则不会有"千军万马"来凑这个热闹。但高考也确实不是人生唯一的入场券，很多没有经历过高考的人，例如一些企业家、明星、作家……都在各自的领域闪闪发光，这些各行各业的领军人物没有考过大学，却一样通过自己的努力获得了了不起的成就。

　　那为什么我们还要选择高考？

　　因为一个人成为明星的概率可能小于飞机失事的概率，而一个人通过高考获得不错生活的概率却很高。高考以及此后的择业择偶，很大程度上决定着一个人今后的眼界、价值观、资源和阶层……从而也就直接影响了其后半生甚至后代子孙的生活质量。

你可能认为我要说的是"考试定成败"的论调。不，我并不这么认为。我认为，这场考试既重要又不重要。高考为什么重要？高考之所以重要，重要的不只是那场考试的成绩，还有这场考试背后体现的个人品质。

高考是对人生前18年积累的实力的一次性验收。为了在这场"战役"中取得胜利，每个人都在用自己的方式点亮自己的技能树，练就了自律、严谨、高效、进取、思考、洞察等特质。若没有这一切相应的美好品质与之关联，这场考试的结果也就没什么意义。

我知道有一些同学在高考中没有发挥出理想水平，没有考上心仪的学校。他们的生活完了吗？没有。因为他们身上具备的这些优秀品质和能力并未消失。自律、进取、善于思考的人，今后无论是深造学习还是走入职场，终究会脱颖而出的。

相反，如果一个人认为高考结束就意味着比赛到了终点，丢弃了那些美好品质，那么高考对他的意义真的就只是决定了他在哪个城市打游戏而已。

曾经有同学对我说："考进了北大清华，害怕自己不再是凤毛麟角的佼佼者，心理会承受不了这种巨大的落差。"其实，因为承受不了这种巨大落差而出现心理问题，甚至严重影响学习和生活的同学，一点儿都不少见。我想，这大概是他们前进道路上的驱动力出现了问题。

当一个人努力奋斗的动力来自"名列前茅"的快感，或是来自父母老师的严厉管教时，这种驱动力就是外驱力。一旦这个外驱力消失，他自然就没有力量再前进。比如，进入大学后父母不在身边管着了，考入名校成绩也不再数一数二了。

而当他的行为驱动力为内驱力的时候，比如明白自己想要成为一个怎样的人，或者想要过怎样的生活，或是享受做某件事的过程，情形就完全不同。这个时候外驱力的消失，只会让他的人生目标越发清晰。

拿我自己来说，进入北大之后，虽然我不再数一数二，不再有父母管着，但在经历了短暂的迷茫之后，我感到了前所未有的确定，确认我喜欢的就是这种每天和术业专精的学者交流、每天泡在图书馆里翻书查资料的生活。"我享受做研究的过程"这个内驱力从未改变，"我不再数一数二"这个外驱力对我的影响也就很有限。

我是一个很小就明确了人生目标的人。但很多同学对我说，自己在高考结束之后很长一段时间内，并不明确自己想要什么样的生活。无论考得好还是不好，很多同学会觉得恍如一梦，并怀疑"这就是故事的结局吗？"。

这都不要紧。

因为并不是每个人都能在一开始就厘清一条清晰的未来路径，只要他还保有思考力和进取心，那么高考之后的每一段经历都不会白费，它们会在某种机缘巧合之下共同作用，帮助他逐渐拼凑出完整的人生拼图，给出想要的答案。

高考不是结束，它只是开篇的结局。

长大成人的好处，是自由

某日，论文写好，卷子改完，孩子哄睡，我终于得到片刻闲暇，打开游戏准备玩两局。

游戏中的队友突然问我："小哥哥打得不错啊！学生吗？"

"我毕业了……"

"高中毕业还是大学毕业？你多少岁？"

"也……也就三十多岁……"

"妈呀！您年纪得有我两倍了！我得管您叫叔！"

接着，小朋友一边冲锋陷阵一边说："大家都有点素质，别打我，叔！"

一会儿又嚷嚷："咱队里有个岁数大的，注意尊老爱幼！"

过了一会儿，小朋友又问："我一直好奇……你们中年人使用洗面奶和洗发水的分界线在哪儿？"

我……我的发际线还很完好！我不秃！

想当年我还是风华正茂的小伙子时，曾经在游戏里管一位老哥叫大叔，极尽调侃之能事，如今真是因果循环，报应不爽……然而我岂是轻易认输之人，于是我一笑，对小朋友说："我也正有问题要问你呢！作业写完了吗？明年该高考了吧？哎呀，时间不早了，我得去准备招生的事了……"

哼，青春年少了不起啊！

当大人的好处，尔等小屁孩儿，晓得什么！

那么问题来了，当大人的好处，到底是什么？

长大成人的好处，莫过于自由——真正的自由，完全的自由。我终于可以按照自己的意志去决定自己的生活了！

我戴着单个的银耳环，兜里揣着 MP3 播放器，摇头晃脑地跟着节拍哼"不想再当模范，不想要再当乖乖牌，我只想摇摆，我只想旋转……"，觉得自己酷极了。

某个暑假，我整整一个月没有见过太阳，没日没夜地玩游戏，玩到天亮睡觉，下午起床接着玩。

还有一回我在女同学跟前充面子，擦亮皮鞋，换上西装，花了大半个月的生活费请客，接下来只得做家教弥补财务亏空……

鹿老师说她也有过一段叛逆岁月，听着死亡重金属音乐，用阴鸷的眼神说"我恨这个世界"，学人家抽烟、喝酒、烫头、逃课、通宵、刷夜，差点就想去文身了……

直到看到一个段子——有个女孩在身上文了个"恨"字，后来长胖了被人问"小良"是谁？——鹿老师才打消了文身的念头。

18岁的我们，喜欢用这种方式来宣告自己的长大：打破好孩子的生活轨迹，意味着自由独立；挑战父辈的权威，会感受到单枪匹马挑战全世界的英雄感。

正所谓谁的青春不放飞，人不"中二"①枉少年。

埃里克森的心理发展阶段理论还真是指哪儿打哪儿般好使。他说，青春期的主要任务就在于建立自我同一性。青少年处于从儿童走向成人的过渡阶段，自我意识会不断加强，因此迫切需要建立同一性，即我想将自己塑造成一个这样的人，我也希望别人眼中的"我"和我自己认为的"我"是一致的，并且想要稳固别人眼中的这种形象——渴望别人了解我的内心世界，渴望别人认同我。

为了达到这种同一性，我们会进行各种尝试：有的可能是模仿自己认为很有个性或与众不同的人，或是模仿自己向往的生活方式；有的可能是叛逆，这可以看作为了"让父母明白我不再是那个乖乖听话的小屁孩"而进行的用力过猛的尝试；有的则可能是虚荣，为了"让朋友觉得我是个大方的好人"而打

① "中二"是网络流行词，又被称为"中二病"，是一种自我认知心态，指的是自我意识狂妄却自觉不幸的精神状态。——编者注

肿脸充胖子。

然而成人世界的规则从不含糊，没有人给你兜底了，生活立马就会给你一巴掌。逃课打游戏，绩点会变差；通宵刷夜，身体会变差；乱花钱，存款会减少；抽烟、喝酒、戴耳钉，看起来酷，其实一点难度也没有。

画一幅好画，练出肌肉线条，赢得比赛，拿下客户，当上销售冠军，做一场完美的展示会，用自己的双手创造想要的生活……这些事情才是真难。

大二那年的我们，在笔记本上写下"Goodbye cruel world"（再见！残酷的世界），感觉自己哀愁忧伤……这其实就是游手好闲、一事无成，我们并没有让生活变得更美好，不是吗？

好在我们的中二病没过多久就不药而愈了。

鹿老师说："后来，我觉得自己最酷的时候是我干净利落地为一场活动忙碌，听到团队管理者对我说'谢谢你的努力，你是我们不可多得的人才'。"

中二病的痊愈，往往伴随着前额叶的发育完善。青少年由于前额叶功能还没有发育完全，所以容易冲动、任性，自控力较差。随着进入青年——成年早期，这样的问题会逐步消失。

除了前额叶发育的生理因素，其他因素也可以影响一个人的自控力，主动选择权的获得就是其中之一。

自我决定理论就提到，对自主权的需求是一个人健康发展的重要影响因素。教育心理学的研究也发现，满足了学生的自主动机可以显著提高他们的学习兴趣，增强他们学习的内部动机，即提高主观能动性。

生活将主动权完全交给我们，后果也由我们完全承担，因此我们就有了选择的自由，也意味着我们需要发展出更加自律的能力。做事有规划，计划有执行，凡事依靠自己，才有资格依照自己的自由意志去决定自己的人生。

都说成人的世界没有"容易"二字，那长大成人的好处，还是自由吗？

答案仍然是"是的"，但这是自律承载起的自由。

现在我可以自由决定什么时候打游戏，不会有人管我，因为我不会玩游戏超过半小时；我可以自由决定大笔财务开支，因为我不会再让自己陷入财务窘境（而且钱是我自己赚的）；我也可以自由决定今天晚上先把论文放一放，打开公众号和后台读者插科打诨一下，因为我知道将压力释放之后自己又是一条好汉，不会把论文拖到截稿期之后。

成为大人后的第一课，就是学会掌控自己的人生。

从高中到大学，从依靠父母到独立生活，年轻人进行着角色的转换，在生活日常、消费理财、社交沟通等方面都面临着挑战。如果过度依赖父母，或是生活没有节制，那么从"孩子"到"大人"的身份蜕变很容易失败，这样的人生也是无法被自己掌控的。

　　拥有驾照、拥有购买烟酒的资格、拥有一张信用卡，都是长大成人的标志。一旦拥有了自己选择生活方式的权力，是选择挥霍无度，还是选择规划未来，生活就会向你交出截然不同的答卷。

无用的书，有趣的人

经常有人问鹿老师："能不能教教写作经验？""怎么增强思维能力和判断能力？""怎样像老师一样拥有一个有趣的灵魂？"

她都会用一个答案来回答："多阅读。"

在这种情况下，对方一般还会追问："有教写作、加强思维能力或提升幽默感方面的书推荐吗？"

这类书我相信肯定是有的，但是在这个语境下，我想同学们误解了鹿老师的意思。

她的意思是，不要总是带着功利性目的去看书"学习"，而是可以多读一些"无用"之书。

关于"无用"之书对写作的帮助，我可以举个例子。

有一回正值中元节，鹿老师大晚上拉着我陪她读《聊斋志异》，其中有一篇叫《贾儿》。贾儿每天在家用砖头瓦片封窗子，把屋里糟践得不成样子。大人动他一块砖，他就撒泼打滚耍无赖，大人都觉得他是个熊孩子。可事实上，他在家如此作怪，都是为了抓住祸害妈妈的狐狸精。

怪力乱神之语，自然只是作为消遣，谈不上有多大的意义。不过之后有一天，那晚读的故事却派上了用场：鹿老师因为不小心碰乱孩子搭的"市政工程"，母子俩就闹了别扭。我想给鹿老师讲"不要从大人的视角对孩子进行道德判断"的道理，便突然想起《贾儿》的故事。

我对鹿老师说："贾儿堆砖头是为了抓妖精，咱儿子堆石头是为了'市政工程'。这个'工程'在大人眼中就是闹着玩儿，但在孩子眼中，它就是很重要的大事。辛辛苦苦搭建的'工程'被破坏，当然令人崩溃。你说是不是这个道理？"

你看，加上绘声绘色的鬼怪故事，语言就会变得更有生命，会比干巴巴的大道理更容易让人接受。这一点对家人来说如此，对读者来说亦是如此。所以读者好奇我是不是看了什么写作教程，其实没有，只是无意间读的小故事，时不时会蹦出来给自己一个小惊喜。

阅读对生活的进益作用自然不仅仅是写作这一个方面。我很感谢父母在我当年学习任务最紧张的阶段，也没有禁止过我读"闲书"。这让我在奋笔疾书的间隙也可以天马行空地思考：

亢龙有悔，为什么重要的是"悔"而不是"亢"呢？凡夫俗子能够承载盛极必衰的反噬吗？父母缺席的童年是杨过前期孤僻张狂的性格形成的基础吗？小龙女对他的治愈，是他成长为一代大侠的合理逻辑吗？

这些随心所欲的阅读，在当下也许不产生实际用途，但能让我用不同的视角去体验世界、观察问题，用更宽更广的维度去丈量精神世界，懂得尊重不同人生的差异，也学会认清自己的路在何方。"吾生也有涯，而知也无涯"，如何"以有涯随无涯"呢？我想阅读便是方法之一。

让文字带领思维"神游"，收获不是一朝一夕体现出来的，而是无声无息地融入你的思维，在未来不知何时，它会犹如打通任督二脉一般令你的世界观豁然开朗。

今人时间皆宝贵，即便是"阅读"这样慢工出细活的事儿，也讲效率，也讲"投入产出比"，不能立即产生效益、让人"进步"的阅读，就是无用功。

但是，发展心理学却告诉我们：不带目的性的阅读反而更令人长知识。

认知老化方面的研究发现，老年人抑制无关信息的能力比年轻人更差。例如，给被试一段文字，让他们只关注标红部分，不要关注其他信息，因为后续测验只会考标红部分。结果显示，由于老年人无法有效抑制无关信息，他们的测验成绩都比年轻人低。

然后，心理学家又做了一个实验。他们在一段文字里面混入了一些"无用"的干扰信息，并请被试忽略这些信息（干扰信息与整篇字体不同，比如通篇都是正体字，干扰信息是斜体字）。而这一次要做的测验中，有一部分题考的内容就来自所谓的"无用信息"。结果发现，老年人对"无用"的干扰信息的记忆深刻，达到了年轻人，甚至比年轻人更高的水平。

第一个实验的情境是不是像极了你在考试前希望老师划范围的状态？所有阅读都必须是有用的，这样就不再需要处理其他"无关"信息。但现实世界往往是第二个实验，因为生活并不会给你限定答案范围。那些不在考纲范围内的"无用"信息，现实生活中也是会"考"的。

能从阅读中获得快乐的人，一定不是抱着某个"目的"去坚持的。过强的功利心会限制学习能力，反倒是广泛阅读，读"无用之书"，才有利于在今后的某个瞬间促进某个问题的解决。

内卷还是躺平，这是个问题

不少年轻人都问过我同样的问题："现在的工作没什么前途，有前途的工作我又做不了，被困在现状里动不了。内卷还是躺平，这是个问题。"

如何避免内卷

我想说，避免内卷最重要的就是认清自己，不要做无谓的"卷"。

上进没有错，选择大公司没有错，但如果你认不清自己的真实情况，就会被千军万马裹挟着卷进去，无法做出更适合自己的人生规划。

谁都想进入热门行业，谁都想去头部的大企业，收益的高地同时也是人才的高地，必然会吸引更多竞争者。

为什么我们愿意千军万马过独木桥？首先，因为大脑爱偷懒。一条少有人走的路，意味着同行者更少，更加孤独。而多数人都觉得对的路，大概率是一条阳光大道。大部分人会有这样一种心态：虽然不知道这条路能不能走得通，但是别人都这么走，我这么走肯定也没错。

我们为什么跳不出这样的内卷？因为我们需要即时的积极反馈。一件事情要想坚持下来，最好的方法就是能够不断获得即时的积极反馈。就好比打游戏，什么样的游戏最能使人沉迷？一定是不断给出奖励的那种。内卷会发生，就是因为我们想要这样的正向反馈，包括心理的正反馈和物质的正反馈。比如，看！我进了大公司，说明我是优秀的，金融行业赚钱多，那我也要去那里。至于自己是否适合，自己能力是否够，很多人其实没有认真想过。

我并不反对走出舒适圈去挑战不可能，我反对的是完全不假思索地跟着别人跑，做无用功。

自我认识的积极偏差

为什么我们总觉得照镜子时的自己更好看？因为人对自己的认知，总是愿意把自己往好的方向去想，这会导致我们高估自己，美化自己，看不清自己的缺点和劣势，反而是旁观者看得更清楚。

当你凭着自己的一腔热情去做一件事时，可能忽略了一个重要问题——你是不是有足够的能力去完成这件事。这时候旁观者会更清楚一点，你可以跟愿意和你说真话的旁观者聊一聊。

如果朋友只是给你"灌鸡汤"，那只是让你一时好受，不能真正解决问题。所以适时地"浇点凉水"是有必要的——有时你做不好，可能并非你不热情，也不是你不努力，只是单纯因为你的竞争力不如别人。我们确实需要面对现实。

当然，身边的人和面试官的建议也不一定都对，他们也可能有看走眼的时候，那么你还可以和这个行业中你认可的优秀从业者聊一聊，他们处在一个更高的视野，比你更清楚你是否适合这个行业。

换个赛道试试

唐纳德·萨柏在他的职业生涯发展阶段理论中，提出了职业发展的五阶段模型：成长期—探索期—确立期—维持期—衰退期。很多年轻的朋友可能正处在探索期，只是对自己未来的职业有一个初步设想，但并不知道自己是否适合从事这样的工作。

对于处在探索期的朋友，我建议多做尝试，不妨多试试自己想做的事情。埃里克森在人格、自我同一性发展中也很强调尝试的作用。

竞争最激烈的地方，当然是综合竞争力最强的人才能留下。好的城市如此，好公司、好工作也一样如此。如果真的行不通，不如及早止损。

这个赛道试过不行，那就换个赛道；一条赛道不保险，那就多试几条赛道。

我知道，换工作甚至换行业其实很需要勇气，也不是所有人都有破釜沉舟改行的资本。如果你的本职工作看不到出路和前途，你想追逐梦想但又承担不起失败的结果，那我的建议是，你可以做一份用来保障基本生活的主业，在闲暇时间尝试其他副业。现在这个时代出路是多元化的，不像过去那样人人都要当公务员，捧铁饭碗。很多人白天是公司的普通小职员，晚上却是行行出状元里的那个状元。

例子有很多。刘慈欣就是在工作之余写出了《三体》；我有个朋友白天上班，下班去酒吧驻唱（他自己也爱唱歌）；我家月嫂的儿子本职工作是司机，不开车的时候就卖保险、卖房；我有个学生在闲暇时间做抖音做成了网红，而这位网红的助理的本职工作是个工资不高但很稳定的铁饭碗，谁能想到她下班之后是个网红经纪人呢？做到最后，很多人甚至是在副业上挣到了钱，或者在副业上实现了自我价值。

　　总结一下。要避免内卷，不外乎这两点：认清自己的真实能力，换个赛道多做一些尝试。

初入职场，新人焦虑只是暂时的

我曾经分享过我初入职场时的手足无措（不要看我现在是专家教授，当初也是被学生喝倒彩，紧张到满脸通红的职场小白），所以经常有同学把我当作树洞，吐露自己作为职场新人的焦虑和烦恼。

- 领导没有什么重要工作交给我做，只是让我复印两页纸，订个外卖。看到其他同事都在重要的项目上忙，我觉得自己很没用，很怕别人觉得我是个可有可无的人。

- 吃午饭找不到"饭搭子"。别的同事有说有笑，自己却形单影只，想融入她们，却发现只要我一加入，气氛就微妙地尴尬起来，大家聊天也变得有所保留。

- 我怀疑我有领导恐惧症，一遇到领导，我就不会说话了，舌头打结，手心冒汗，头脑一片空白。昨天上班和领导单独搭乘同一部电梯，那简直是我人生中最难熬的几十秒钟。开会的时候最怕和领导目光对视，生怕被点到发言，仿佛回到学生时代被点名回答问题时的恐惧。

· 下班可以走了，但是其他同事都还在努力工作，我想走也不敢走，留下又没事干，如坐针毡，该怎么办？

如果你刚入职，并且存在上述焦虑的表现，请相信我，你不是一个人，绝大多数刚刚步入职场的新人都是这样的。这就是心理学上所说的"新成员适应"。

"新成员适应"

"新成员适应"一直是管理心理学研究者关注的重要问题，它是指一个新人进入某个新环境需要经历的过渡期。换句话说，就是新成员从心理上到行为上完成从"外部人"到"内部人"的转换，获得适应新环境、新角色所需的知识、技能、态度和行为的过程。

从社会化适应理论的角度看，进入新环境会引发较强的不确定性，比如同事是否好相处、工作压力大不大等，这样的不确定性必然带来较强烈的焦虑感。

一般来说，最初的三个月到半年时间，可能是一个职场新人感受到压力最大的时期。但随着职场新人收集到的信息越来越多、越来越清晰，他们会逐渐掌握新任务的要求，逐渐符合社交期待，最终实现与环境的匹配。他们对自己在新环境中的角色定位会越来越明确，焦虑感也会逐渐消失。

所以你要相信，职场新人焦虑只是一个暂时现象，随着时间的推移，你会逐渐适应的。但话又说回来，如果过了半年，你还是充满不确定性和焦虑感，那可能说明这个环境并不适合你，还是尽早脱离吧！

鹿老师就碰到过这样的情形，她换了一个新的工作环境，发现自己无法融入，工作内容和职责能力也不匹配，上班无所事事，中午找不到"饭搭子"，下班无事可做又不敢走……开始我安慰她，新人都是这样的，可过了好几个月，她发现自己仍然无法融入，于是果断离开了——你真的不属于那里，那里也真的不适合你。

职场新人焦虑的根源

研究发现，新成员在适应过程中的焦虑主要集中在两个方面。

（1）任务适应。例如，领导让你当众发言或者做汇报，你会感到压力很大，焦虑情绪泛滥，这就是任务导致的新成员适应问题。这种焦虑背后的原因有两点：一是对领导风格不了解；二是对自己能力不自信，怕说错话、做错事，给领导和同事留下坏印象。

（2）环境适应。职场新人一般存在这样的两难情境：既想融入，又害怕太过热情反而不好融入。例如，午饭到底跟谁一起吃？坐电梯时碰到不熟的人（尤其是领导），到底要不要打招呼？这就是融入环境过程中产生的适应问题，背后的根源在于：一是对环境信息掌握得不够充分；二是对融入过程中不确定性结果的恐惧，怕惹错人、站错队而影响自己的职业发展。

职场新人如何消除适应过程中的焦虑?

提升能力：跳出舒适圈，或者待在舒适圈

新成员可以主动降低这些不确定性，例如提升与工作相匹配的技能，获取知识和信息，来适应工作的任务需求，即所谓的跳出舒适圈。当然，也可以选择待在舒适圈里，比如，换一份让你不那么难受的工作。

降低对自己的期望值：尽力做到不焦虑

曾有读者问我："我是一名新教师，教得不如老教师好，咋办？"我告诉他："我当初差点被学生轰下讲台。"他说："谢谢您，这个故事真治愈。"

顶流都从新人来，如果你发现自己膜拜的上司也曾犯过一些低级错误，你就没那么焦虑了。所以对自己的期望值也不必那么高，适当降低要求，你会发现其实没什么大不了。毕竟你只是一个新人，要是你什么都会了，还要领导干啥，况且教导新人也是领导的职责之一。

主动与内部人互动，获取知识、技能和信息

例如，你可以积极参加团建等集体活动，认识一些合得来的朋友，了解公司的情况。通过类似的方式，职场新人可以完成从"外部人"到"内部人"的转换。同时，你也可以通过和"内部人""职场老人"交流来获取信息，并不断对环境进行意义建构，以逐渐理解和融入新环境。

专业的心理学训练

现在心理学研究也有不少消除焦虑的策略。比如表达性写作，即连续多次通过写作对自身的压力情绪进行描述，从而宣泄压力，并且找到合理的解释或是意义感。再比如情绪重估，即在不改变压力源的情况下，改变对压力源的看法（如"新人就是会犯错误的，下次改正就好"），从而缓解焦虑。

当然，新人也可以进行更加专业的入职压力应对训练，通过展示真实信息，调整过高预期及担忧情绪。

不过提升能力、融入团队等方法无法一蹴而就，心理学的训练又太过专业，需要职业教练来引导。那么有没有既可以自己完成，又可以在短时间内缓解压力的方式呢？

有！嚼口香糖。

不知道大家注意过没有，无论是篮球场上还是足球场上，总有不少运动员喜欢嚼口香糖。他们嚼口香糖仅仅是因为好吃吗？不完全是，其实还因为嚼口香糖实实在在有缓解压力的作用。

2009 年安德鲁·沙利在《生理学与行为》杂志上的一篇学术研究阐明，咀嚼口香糖可以提高被试的觉醒水平，降低他们的焦虑感和压力。同时，研究者还测量了被试的唾液皮质醇水平。皮质醇被认为是一种反映压力水平的物质，皮质醇水平越高则意味着压力越大。研究发现，咀嚼组唾液中皮质醇水平更低。也就是说，他们嚼完口香糖之后的压力更小。

在另外一篇 2000 年发表于《精神病学与临床神经科学》上的文章里，他以脑电图测量的方式比较了嚼口香糖和基线水平下不同类型脑波的差异，结果发现，嚼口香糖可以增强 α 波。一般来说，α 波表示大脑处于放松状态。

另外，从行为学来看，正念要求的一个非常重要的状态就是"关注当下"，而不要把注意力转移到过去或是未来。具体如何做呢？正念当中比较常见的训练有"用正念的方法吃葡萄干"——关注葡萄干在手上、舌尖、牙齿等地方的触感。其实嚼口香糖和正念练习有很多类似的地方，它们都是把注意力放在当下，注意口香糖和口腔接触的感觉。所以，大家也可以把嚼口香糖当作一次简单的正念练习——将注意力集中在当下，感受"嚼"的感觉。

整体而言，嚼口香糖确实有助于缓解我们的压力，所以美国的一些学校会在考试前给考生分发口香糖。而且，口香糖也能起到促进社交的作用——原本不熟悉的人，发一发口香糖，能活跃气氛，拉近距离，没准儿在发口香糖的过程中还能交到一些新朋友，帮你更快融入新环境。

认识精神暴力

长期遭受心理虐待的受害者，非常容易出现情绪障碍或性格发生负面改变。例如，严重抑郁、焦虑、自我贬低、习得性无助等，会认为自己有罪、活该，会严重低估自己的价值，甚至厌世、轻生。

其他几种情绪障碍也许比较好理解，唯有"习得性无助"大众很难理解，经常会有人质问："既然这么痛苦，那为何不反抗？为何不逃离？"

习得性无助是美国心理学家马丁·塞利格曼提出的。他的经典实验是把狗关在笼子里，只要蜂鸣器一响就对狗给予电击，狗在笼子里逃不出去，只能乖乖接受。如此反复多次之后，把笼门打开，此时再拉响蜂鸣器，狗却不逃了，直接倒地等待电击。

同样，习得性无助的心理障碍在人类世界中也是存在的。

在长期的（肉体或精神的）暴力对待下，受虐者会习得一种"反抗也是徒劳的，甚至会招来更多痛苦"的无助心态，所以干脆就不反抗了，任由对方作践自己。

那么，什么样的人容易成为心理虐待的施暴者呢？这些人往往外表体面，实际上却具有各种人格障碍或性格缺陷。

自恋型人格障碍者容易过高地评价自己的才智、品德、外貌、成就和理想。但同时，他们又具有敏感脆弱、低自尊、缺乏共情能力等特征。他们渴求别人持续的关注和赞美，一旦别人比他优秀或批评他，他便觉得被羞辱、被伤害。所以，这种人很喜欢通过贬低他人来抬高自己。

偏执型人格障碍者往往极度敏感，嫉妒心极强，对别人的优秀感到焦虑和紧张；非常记仇，对于别人的批评必须给予更强烈的反击；固执，难以被说服；双重标准，对自己很宽容，对别人要求过高；自以为是，喜欢指责别人，自己永远是对的；多疑，会将别人的无心之举理解为敌意；等等。

控制欲极强的人需要掌握亲密关系中的一切信息，非常善于发现别人的缺点；习惯通过道德谴责来降低别人的自尊，让别人臣服于他的权威；通过隔绝社交、经济封锁来让别人与世隔绝，只能以他为生活中心。

具有辩论倾向的人非常擅长质疑别人，擅长从别人的每一句话中寻找瑕疵来挑刺。可他们抬杠的最终目的并非解决问题或达成共识，而仅仅停留在头脑和口舌的交锋，以及享受赢得争吵带来的快感。

以上这几种人具有一些共性，比如情绪极端、易激惹、控制能力差、缺乏共情能力、高度自我中心、极端利己主义，以及难以建立健康的亲密关系等。

如果你发现给自己带来困扰的人具有上述特征，就要引起警觉，然后提醒自己："我现在的这些困扰，或许并不是因为我自己不够好。"认识到这一步，才能意识到自己正在成为心理虐待的受害者。

另外，有的人会误以为心理虐待就是辱骂诋毁、人身攻击等，其实这些只是心理虐待中的"言语暴力"。实际上"精神暴力"（包括洗脑、纠缠、贬低、污蔑、控制等行为）和"情绪暴力"（包括无视、孤立、摆脸色、拒绝沟通等冷暴力，以及威胁、恐吓、砸坏物品等热暴力）也属于心理虐待的范畴。

下面说几种不太容易被察觉的暴力行为。

首先是限制社交。这类人会贬低你周围的朋友，干涉你和朋友的交往；怀疑你的生活作风，对你进行严密监控、道德指责；不仅限制你与异性交往，还会限制你和同性朋友交往，甚至连你和家人的来往都要限制，要求你和家人断绝关系；等等。

其次是经济控制。如果这类人经济状况好，可能会要求你放弃工作，甚至会阻挠你的职业发展，要你脱离社会；如果他经济状况不如你，则可能要求你把赚到的钱都交给他"保管"（此刻往往同时会伴随着对你的能力的贬低，以此来佐证你无法管理好财务，必须把钱交给他）。

最后是限制行动自由。你去过哪里、将要去哪里，去干什么、和谁去、去多长时间，都要向他交代；所有细节都要向他反复澄清、核实、比对，来证明你没有脱离他的掌控；他会时刻查手机、查通话记录，甚至没收你的手机、电脑，扔掉你的衣服，不让你出门。

如果遇到了这些情况，即便对方并没有动手打人，那他仍然是一个不折不扣的施虐者。和这种人一起生活会身心俱疲，因为他时时刻刻都在消耗你的生命力。

有人可能纳闷，有没有遭受暴力对待，自己还不知道吗？还用得着对照上面这些行为表现来验证才能确认吗？这又是大众容易误解的一个方面。这些误解会令受害者的自我觉察变得更加困难，使得他们更难以察觉到自己遭受了暴力，更加自我怀疑。所谓"旁观者清，当局者迷"，有时受害者可能会被表象迷惑，没有意识到自己正处在暴力旋涡中。

如果你发现自己正处于这样的关系中，或者你身边有人正处于这样的关系中，你需要引起警觉，这是一种暴力，是一种虐待行为。更具体来说，你如果发现了你的朋友、伴侣或上司有上述征兆，或是他们让你出现了自我怀疑、自我厌弃、心累、焦虑、习得性无助，甚至抑郁、轻生的症状，请一定要及时向身边人或者专业人士求助。

认识到自己正在承受暴力是走出阴影的第一步。要将一个被破坏和被伤害过的精神世界修复，除了乐观积极的心态，还需要一个整体的治疗体系来帮助自己有步骤、有方法地走出阴霾。

识别职场暴力

一位朋友向我们诉苦，说她最近在工作上处处被团队领导刁难，不管她说什么、做什么，都会挨骂，都会被批评。比如领导让她做一件事，她做了，领导却说她永远做不到点子上。她还原了一下与领导常见的对话模式——

"我跟您确认一下，您是不是想要……？"

"你不要重复我的话，你得和我交流，而不是说废话。"

"那我的想法是……您觉得呢？"

"你别自作主张，我说你听着就行了。"

"好的，那我就照您说的去做。"

"那我要你有什么用？你就只会当应声虫。"

就此，她还专门与领导做了一次沟通。

"我真的有那么差吗？我自问工作认真负责，也有心学好，我的问题到底出在哪里呢？"

"你有多差我不知道，我只知道你这样下去，就等着被裁员吧。在我们这个团队都混不下去，将来到外面任何一家公司、任何一个团队，你都无法立足。"

我的朋友在这家公司工作两年多了，仍然被骂到怀疑人生，无所适从。从前她觉得自己挺优秀的，现在却觉得自己一无是处，做什么、说什么都不对……她现在做任何一件事，似乎都能想象到领导会怎么骂她……她说自己每天吃不下饭、睡不着觉，胃疼、拉肚子，早上一起来就觉得人生灰暗，一想到领导就紧张得满手是汗。她不知道自己错在哪里了，而且一直很努力地改正自己、反思自己，努力地去迎合领导，但不知道为什么，她永远无法让领导满意。

我的观点是，她遇到了典型的职场暴力。

首先，如果她真有领导说的那么差，那试用期都不会通过，公司怎么会留她到现在？

其次，我感觉她的领导根本没处于一个好好沟通的状态，这个领导更像是在发泄自己的情绪，而不是想解决问题。

她领导说的这些话，就跟家庭中的精神暴力一样——找碴儿、贬低、精神折磨，让她感觉自己一无是处，不断怀疑和否定自己的价值。

但是这位朋友马上又说:"其实我的领导人也不坏,可能是最近业绩下滑,心情不好,所以才处处针对我的。而且我反思了领导说的话,也并非全无道理,我确实也有做得不够好的地方,也不怪领导不满,我自己也应该努力改进。"

我说:"你听听,这些话耳熟不? 和被家暴的女性说的简直一模一样——我老公其实人不坏的,他就是最近心情不好才打我的,而且我自己也有不对,不怪他生气打我。"这位朋友就是典型的职场暴力后遗症!

说实话,她的这番经历对我很有启发。我一直在分析很多和家庭暴力相关的话题,但以前真的没意识到职场中遇到的这种问题也属于一种暴力。现在看来,她自述的吃不下饭(厌食)、睡不着觉(失眠)、胃痛、拉肚子(肠胃反应)、觉得人生灰暗(心境低落、抑郁)、紧张得满手是汗(焦虑)、觉得自己一无是处(低自尊)……这些真的很符合精神暴力后遗症的特征。

而且这位领导说的话是不是像极了家暴男说的话:"如果我不要你,你看外面还有哪个男的会要你? "

那遇到这种职场暴力,该怎么应对呢?

我的观点是,大家是来工作的,不是来受气的。

有朋友可能会说:"对很多职场新人来说,翅膀还没硬呢,不顺着领导能怎么办呢? 正面起冲突肯定自己吃亏。"

我认为首先得有核心竞争力，有了核心价值才有底气，就算离开这个平台，你也有后路可退。而且你有了核心竞争力，这种领导也不会这样欺负你，她会转头去欺负那个没有竞争力的。事实就是这么残酷。领导这么欺负你，透露了两个信息：第一，她是一个被情绪左右的人，在职业发展上走不远，也不可能给你什么好的指导和发展空间。第二，你在这个领导眼里不重要，你走或留她都无所谓。明白了这两点，就该知道，你早晚都会离开这里，何必继续委屈自己。

　　还有朋友可能会问："我怎么分辨自己是真的遭遇了职场暴力，还是因为我确实是像领导说的那样吃不了苦、受不了委屈、满身娇气呢？毕竟很多职场老人都是这么评价年轻人的，而且父辈也教育我们'吃得苦中苦，方为人上人'。"

　　我认为，这主要看对方是"对人"还是"对事"，看领导对你的批评是奔着处理问题去的，还是冲着发泄情绪去的，最终的结果是问题解决了，还是你的自尊降低了。

　　也就是说，主要的判断方式是，看领导的行为是否超出了工作和业务的范畴，是否对你进行了精神甚至肉体的折磨。

　　职场暴力的具体表现其实和家庭暴力差不多，主要有肢体暴力、人身伤害、语言暴力、羞辱人格、贬低能力、孤立、隔绝、排斥、洗脑、控制和骚扰等。

　　还有一些是职场暴力特有的表现：安排你完成不可能完成

的任务，安排你做不适合你的工作，比如有些用人单位会安排怀孕的文职员工去扫厕所。

"吃得苦中苦，方为人上人"没错，但也得分吃什么苦、为什么吃苦。

我记得鹿老师为了写一个专题报道，好几个通宵抱着看不懂的招股书硬啃；为了采访美国的学者，守着时差半夜采访；为了查一处资料跑遍一个城市的几大图书馆。结果是什么？那篇报道获奖了。像这种，就是应该吃的苦。

我挑灯夜读苦不苦？没日没夜啃文献、改论文苦不苦？但这些苦都是有意义的。而你被别人羞辱、贬低，受精神折磨，这种苦就是没有意义的苦。

在职场上也是一样，如果做了这个事情能成长、能学习、能有所收获，那再苦也值得去做。

那问题来了："遇到职场暴力，你的建议是离开吗？"

人生苦短，我的建议是不要把时间浪费在和不值得的人的纠缠上，不管这个人是一个不合格的伴侣还是一个不合格的领导。

你为什么要工作？为的是生活、赚钱，获得成就感。那你现在的生活愉快吗？钱赚到了吗？有成就感吗？

有朋友表示："可是我的领导说，现在外面市场情况也不好，我出去了也不会轻轻松松找到一份满意的工作，而且老板大多如此，也许下一个还不如这一个，我没有底气说走就走。"

家暴受害者的心态再次出现了。你要先破除自己的心魔，才能谈下一步。如果一个受虐的女性认为自己离开了家暴老公，饭都吃不上，那就只能继续忍受暴力。如果你认为离开这个领导或者企业就没有立足之地，那别人真的劝不了你，你只能继续忍受。

你不要总想着"我就是没有本事怎么办"，一个人不可能什么优点都没有，你得想办法找到自己的优点，练出自己的本事。一开始总会有一个阶段是非常苦、非常难熬的，但是总比你把自己困死在一个明知没有前途的情境里面好。

而且选工作也是需要智慧的，不能是个工作就去做。好的老板不会招人的时候一副嘴脸，招到人之后就换一副嘴脸。

有些人在工作方面自我评价特别低，只要是个看起来还不错的工作，她就会去，再夸她几句更是感激涕零。其实这里面有很多坑，而且一开始就能看出迹象，但这种人会选择性忽视。

这就如同一些自我评价特别低的女孩一直会遇到渣男一样，只要是个男人追她，她就愿意嫁；如果对方再给点情感或物质上的小恩小惠，夸她几句，许她一个未来，她更会晕头转向，甚至为了守住那一点虚幻的温情而付出惨痛代价。

如果你的自我评价低，就更要离那些低估你价值的人远一点。

真正有领导力的好老板，不会动辄拿自己团队的人开骂、发泄情绪，他们会以培养、教育和鼓励为主，你没有经验，就带着你，让你做适合你的事情。

最后肯定还会有人问："如果一直只让我做适合我的事情，那我不擅长的方面岂不是一直无法取得进步吗？"

这个世界上哪有人是万能的？真的那么完美、那么万能，还能给别人当下属？

领导该做的事情就是找到每个人的长处，了解每个人在职业生涯中的需求，然后排兵布阵。

有人可能质疑："我的短板难道不会限制我的成长吗？"

我觉得，为什么非得在短板上较劲？把每个人的长板抽出来，箍一个大桶不好吗？每个人最终一定是靠自己的长处吃饭的，只要不涉及原则性问题，没有人会靠自己的短处吃饭。

开头案例中的那位领导如此情绪化，也不会鼓励员工扬长避短，怎么还当了领导呢？

不要被那些说一半留一半的"成功学"蒙蔽了双眼，不是只有那些专业力强、领导力强的人才能获得升职。比如，有的人能给老板挡酒，有的人能为老板加班，有的人就是让老板觉得靠谱，有的人就有本事让老板开心，有的人能帮老板当恶人，有的人能帮老板筹到钱……职场就是这样，社会就是这样，这些未必不在你的分析范围内，也未必不是一种选择。如果你明知道自己不能成为那样的人，就另找适合自己的路，要相信绝对有好的或者适合你的职场环境，不可能任何地方都是一片黑暗。

但是也要记住，如果你被坏的职场环境欺压过，有朝一日忍过来了，也不要成为自己曾经看不起的人。

地开收获谈付出毫无意义

　　"996" 这个话题一度很热。有一群"码农"建起了一个名为"996.ICU"的项目，列了一个"黑名单"，统计出中国实施"996"（早上 9 点上班，晚上 9 点下班，一周工作 6 天）工作制的互联网公司，号召同行抵制这样的企业。

　　这场"革命"声势逐渐浩大，而作为回应，网络上出现了以《年轻的时候不"996"，你什么时候可以"996"？》《能做"996"是一种巨大的福气，很多人想"996"都没有机会》为标题的一系列文章，这些观点提出者也招致了不少骂声。

　　其实我倒觉得，这些文章说的未必不是心里话，因为人在不同的情景下，确实会产生不同的心境。就算是在同样的情景下，也有可能会有多种心境复杂地交织在一起。人是多维多变的，看似相互矛盾的两句话未必不是真话。

　　为了避免断章取义，我看了一下原文中马云对"996"的阐述：

"我不要说'996'，到今天为止，我肯定是'12×12'以上。这世界上'996'的人很多，每天工作12个小时、13个小时的人很多，比我们辛苦、比我们努力、比我们聪明的人很多，并不是所有做'996'的人都有这个机会真正去做一些有价值、有意义并且还能够有成就感的事。"

虽然"996.ICU行动"是从互联网公司兴起的，但其实实施"996"工作制的并不限于这一个行业，不要说9点下班了，凌晨下班，"007"的工作比比皆是。

加班的人很多，为什么有人认为"996"很苦，有人"007"却觉得值？为什么有人认为年轻人应该奋斗，有人则认为这是对资本剥削劳动力的美化？是那些叫苦的人懒惰脆弱吗？我觉得不能这么武断地下结论。

大家之所以对这个话题各执一词，关键在于加班能否给人带来价值感、意义感和成就感。

"996"可能会导致职业倦怠甚至耗竭

抵制"996"，其实并不是抵制"996"本身，而是抵制不产生价值、不带来利益的纯劳动力剥削。从这个角度来说，抵制"996"是有道理的。

工作时长和健康之间的关系不用我说，大家肯定都懂，过长的工作时间一定会导致健康问题。1997 年，几位管理学家在《职业与组织心理学》期刊上发表的元分析，也支持了这样的结论：工作时间越长，健康出现问题的情况越多。

我还想强调的是，超长工作时间给人带来的伤害并不仅仅是身体上的，甚至可能会导致严重的心理疾病。

职业倦怠就是典型体现之一。职业倦怠最早由心理学家赫伯特·弗罗伊登贝格尔提出，他的研究聚焦于护士和医生在长时间工作的重压下表现出来的身心疲劳与耗竭的状态。后来，克里斯蒂娜·马斯拉奇等人把这个概念引入了企业管理领域，把一个人在长期紧张状态下产生的情感、态度和行为的衰竭状态称为职业倦怠。

这些研究结果都证明，工作时间越长，个体的职业倦怠情况越严重。

职业倦怠的主要表现及负面后果

职业倦怠的主要表现包括以下几点。

第一，情感衰竭。丧失活力，缺乏工作热情，个体的精神处于极度疲劳状态。

第二，去人格化。刻意在自身和工作对象间保持距离，对工作对象和环境采取冷漠、忽视的态度，对工作敷衍了事，个人发展停滞，提出调度申请，等等。

第三，无力感或低成就感。倾向于消极地评价自己，并伴有工作能力体验和成就体验的下降，认为工作不但不能发挥自身才能，而且枯燥无味。

职业倦怠带来的负面后果有：生理健康受损，如更容易失眠，患上心血管疾病、肠胃疾病等；心理健康受损，如情绪不稳定，甚至抑郁、焦虑等；认知功能受损，如记忆、注意力等功能下降；工作表现差，如旷工、容易离职，甚至做出一些破坏公共财物以及故意不好好工作的"反生产行为"。

延长工作时间不会带来更好的绩效

职业倦怠从员工角度来说是有害身心健康的，那么从管理者的角度来说，硬性规定员工延长工作时间就一定会产生更好的绩效吗？答案也是否定的。

延长工作时间不仅不能提高工作效率，反而会导致员工消极工作，降低员工内驱力。一方面，员工由于职业倦怠导致的认知功能下降，会提高犯错的概率；另一方面，员工有可能主动做出有损雇主利益的"反生产行为"。以护士为例，2004年发表在《健康事务》期刊上的一篇文章，讨论了长工时对护士工作表现的影响。结果不出所料，护士工作时间越长，犯错的次数就越多。

不仅如此，职业倦怠影响的不仅是个人，还会影响到组织内其他人或是整个组织（所谓军心溃散）。劳动法之所以提出最高工作时间的限制，除了人性化角度的考虑，也有一部分是因为增加工作时间并不会提高工作效率。

20世纪20年代，"英国工业疲劳研究组"曾做过一项经典研究，探讨了工作时间的改变（如由10小时改为8小时）对提高生产效率的影响。研究者以每小时的平均产量作为因变量指标，采用从1918年3月至1919年7月10小时工作制的产量数据作为实施新措施之前的基线。并连续记录了1919年8月将10小时工作制改为8小时工作制后每小时的平均产量，直到1920年8月。

事实证明，8小时工作制的实施并没有降低工人的劳动产出。虽然这项研究发生在100年前，但直至今日它的意义仍不过时。

容易造成耗竭的工作

包括但不限于以下职业：医护人员（尤其是护士）、信息技术程序员（所谓的"码农"）、警察（尤其是狱警）、教师

（尤其是幼师），都属于耗竭高危职业。

它们是不是看起来都是很容易获得成就感的崇高职业？个中辛苦可能只有从业者自己知道。病患、罪犯、幼儿都是配合难度很大的工作对象，由此给从业者造成的负面情绪和精神压力是巨大的。如果待遇一般，出现职业倦怠不足为怪。

有人全年无休，有人职业倦怠

有人看到这里可能会疑惑：如果"996"容易导致职业倦怠，那么为什么有的人可以 24 小时待命，全年无休连轴转也不觉得辛苦呢？

那肯定是因为他能从职业中获得成就感和收获感（这个成就和获得可以是物质的，也可以是精神的）。精神上的成就感可以产生巨大的内驱力甚至是高峰体验，令人进入心流状态，不知疲倦；而物质上的收获可以产生巨大的外驱力，使人产生多巴胺，增添干劲。

相反，如果工作只是一味时间长、任务重、压力大，却无法让人获得精神满足，并且物质和金钱的奖励还不到位，员工出现职业倦怠和耗竭是早晚的事。

我在写这篇文章的时候，鹿老师曾问："你的工作量远远不止'996'，为什么你没有倦怠也没有耗竭，还每天干劲十足呢？"我想主要是因为我从科研工作中获得了大量的愉悦感和成就感吧！

关于"996"的争议，很多职场老人吐槽道："现在的年轻人真是不能吃苦了，我们当年加班多严重啊，可也这么熬过来了！怎么到了他们这代就受不了了？"

这就需要明白市场规律了。我国人口红利时代已经逐渐过去，用工市场从劳动力过剩变成了劳动力紧缺。确实，过去的员工也苦也累，也存在倦怠与耗竭，也想休息和抵制，可是不得不做。但现在，议价权逐渐从雇主转向雇员，以后这种"996.ICU"的反击行动估计还会更多。

如果大家对耗竭感兴趣，欢迎做一个自测。我列出了一些症状，大家可以对照，如果有超过一半题目的答案是每周一次甚至更高频率，就要考虑耗竭的可能性了。

1. 面对工作时感到：

· 身心俱疲

· 精疲力竭

· 非常累

· 压力很大

· 快要崩溃了

2. 对工作的态度：

- 越来越不感兴趣
- 没有以前那样热心了
- 怀疑工作的意义
- 不关心工作的贡献

3. 对自己的信心：

- 无法解决工作中遇到的问题
- 对工作没有贡献
- 无法完成自己的工作
- 即使完成工作也不会感到开心
- 认为自己的工作没有价值
- 觉得自己无法有效完成工作

如果真的感到耗竭，建议换一家公司吧！虽然说努力和奋斗值得尊敬，但是离开不适合自己的岗位，也许会让努力和奋斗变得更有价值。

自我提升前先搞清楚自己要什么

我的一位在职研究生告诉我,她想放弃写毕业论文了。我们关于这件事情,有过如下讨论:

"我感觉看文献、解释数据对我而言太难了。这件事给我的压力太大,而我的能力也真的没有达到写学术论文的程度。"

"你觉得难点在哪里,可以和我沟通,看看能否解决、怎么解决。当然,如果你觉得压力太大、能力不够,不想继续了,我也尊重你的选择。"

"老师,其实我最近一直在扪心自问,学位证对我到底意味着什么?我要一个北大的学位证来向谁证明什么呢?我认为我并不需要。"

"那你读在职研究生的初心是什么?现在目标实现了吗?"

"初心是掌握真正的心理学知识,不被伪心理学欺骗。现在我确实学到了很多有益的东西，这些知识对自己的成长帮助很大，所以我觉得这就够了。能不能拿到这个证，从长远来看其实并不重要了。"

"那我明白了，你不必着急答复，再好好想清楚，我尊重你的选择。"

你有权放弃

和她聊完之后，鹿老师问我："你不是说，人在任何时候都有选择权和放弃权吗？现在怎么又劝她别放弃？"

我说："因为她前期该做的工作都做了，而且完成得都很好。你也知道我的，如果她的任务完成得很糟糕，那我是绝对不会让她通过论文答辩，更不会劝她别放弃的。

"但她现在就差临门一脚，有点可惜。当然，如果这件事带来的情绪伤害已经超过了浪费学费、拿不到学位造成的损失，她也可以选择止损。"

鹿老师问："那她现在这样怎么办呢？"

"其实我并不担心她，我觉得她的思路很清晰，考虑得挺清楚的。我要做的只是再给她一点时间，让她去确认一下自己是不是真的不要这个学位了。"

为何这样讲呢？因为人在学习过程中有两种取向：结果导

向和过程导向。

简单来说，采取结果导向行为模式的人，非常在乎最后的结果，比如取得学位证书，一旦结果失败，他们受到的打击就会非常大。而采取过程导向行为模式的人，看重的是学习过程中的收获，他们可以从学习过程中获得自我满足感，失败不会让他们一蹶不振，甚至还会给他们带来更大的前进动力，让他们更能应付今后的挑战，获得更多成长。

当然，现在考各种证往往也是迫于社会现实的压力，我劝那位学生不急于放弃学位证，其实部分也是出于这个世俗的考虑。

通过和这位同学交谈，我认为，如果她真的很清楚自己想要的是获得知识——知识也学到了，而取得学位证书的事她努力过却做不到，最终选择放弃，那么这不是半途而废，而是思考后的结果。在我们社会目前的大环境、大氛围中选择放弃，也是挺有勇气的做法。

过分纠结考证的人（或者说结果取向的人），往往特别害怕失败，时时迫切需要向外界证明自己，当然也可能和内心的不自信有关，需要通过与他人的比较来获得满足感。他们是容易被焦虑所困的那类人。

而看重个人成长多于拿到证书的人，反而不怕失败，因为他们比较的对象并非其他人，而是自己。他们关注的是自我成长，因此能够更准确地评估自身能力，并且勇于进取。

厘清行为是否在为焦虑买单

鹿老师陷入沉思说："其实我最近也在思考一个问题，我也报了在职研究生，我最好的朋友最近也报了，我们选择这些自我提升的课程，到底是为了什么？是否就像你说的，只是为了向别人证明自己？或是为了缓解心中的焦虑？如果只是为了缓解焦虑，那我花费几万元读在职研究生，是不是相当于老年人花几万元买保健品呢？区别只是在于他们缓解的是衰老、疾病带来的焦虑，而我缓解的是被时代抛弃、被社会淘汰的中年危机引发的焦虑？"

在厘清这个问题前，需要先弄清另一个问题：焦虑这种情绪有没有价值？答案是肯定的。从进化上来说，人类的进步和焦虑分不开。比如我们在日常生活中会被很多琐事牵绊而不自知，这时焦虑会像是警报器一样提醒我们"你偏航了，该调整航向去追求真正重要的目标"。因此，从这个意义上来说，缓解焦虑的行为本身是没有错的，无论是中年人的自我提升还是老年人的养生保健。

问题不在于对抗焦虑的行为，而在于你有没有能力判断这个行为的合理性，即这些行为是不是真的能够帮助你实现目标。

因此，我问鹿老师："你现在读在职研究生的目的是什么？你梳理过吗？"

鹿老师说："第一，我觉得心理学特别有意思，所以我想系统地去学习；第二，我想把我的媒体经验和心理学科普更好地结合起来，开始专业地做这一行，所以我需要更专业的知识训练；第三，我需要一个专业学位，这样我就能独立地去做这件事。

"而我现在的焦虑包括如下几个：第一，我想进入心理学这一行，但不知道能走多远；第二，我想做科普，但不知道能走多远；第三，我想独立做好心理学科普，但不知道能不能成功。"

我说："你现在读研其实正对应着解决此刻的焦虑，所以你确实是在为你现阶段的焦虑买单。而你真实的担忧在于这到底是投资还是交智商税，对吗？"

鹿老师说："是的。我担心学到最后一无所成，就像那些买天价保健品的老年人一样……"

我说："你可以试试回答这几个问题，来看看自己的答案。如果你的答案都是'是'，说明它并不是交智商税行为，那你可以坚持下去。

"第一，你购买的物品（无论是知识还是保健品）是不是来自有保障的正规渠道？

"第二，透过包装的表象，这个产品的实质是不是如宣传一般'货真'？比如，授课教师确实是正规学校的教授；再比如，你读的在职研究生班是经国家认可的，有硕士学位，而非来历不明花销巨大的总裁培训班、成功学大师班、名媛培训班等，后者才对标着老年人的天价冒牌保健品（价格畸高，还没有用）。而且真正能让你有所收获的投资，往往并不会太贵。

"第三，你的投入有没有让你收获到想要的东西，解决你的需求（比如职业规划、个人成长）。"

如果你的投入让你真正收获了想要的东西，那就值得。哪怕你报某个班的目标并不是去学知识，而是去积攒人脉，如果真的能得到有效社交，也算达成目标了。这样是不是焦虑也会有所缓解？

所以，大家不必纠结于"我最近的某些行为是不是因为我太焦虑了""这样的焦虑是不是有问题"之类的疑问。

注意到焦虑是好的开始，只有懂得焦虑的人才会真的尝试做出改变。这一过程中最重要的是如何应对焦虑，而应对焦虑的首要任务恰恰是认识焦虑，并且透过焦虑行为更好地理解自己内心的真实需求。

正视问题并积极应对，而非选择回避（比如放弃努力、以

"不去想烦心事"为由逃避）才能带来改变。总之，无论你的应对策略是舒缓情绪（比如正念训练、冥想、倾诉），还是解决问题（自我提升、购买保健品），只要这些行为能帮你有效缓解焦虑，那它们本身就是有贡献的。

留在大城市还是回到家乡?

某电视剧中的女主角在上海"漂"了很多年,但始终找不到一块立足之地。她想回老家发展,结果发现故乡的小桥流水依旧,却已经成了回不去的地方。

我的注意力被女主角的个人成长经历所吸引,因为她的很多经历很真实,和千万在北上广深打拼的年轻人太像了。她经历过的困境、迷茫和选择,她的高不成低不就,留不下也回不去,相信很多人都经历过或正在经历着:留在北京、上海、深圳这些大城市,竞争激烈、压力大,既买不起房又结不起婚,看不到前途;回老家虽然安逸稳定,却发现自己好像也回不去了,不仅事业上机会少,生活方式和价值观也完全不一样了。

如果你是她,你会怎么选择呢?

不要被自己的认知欺骗

是在大城市打拼还是回小城市安身，其实没有标准答案，因为无论做哪种选择，都有过得好和过得不好的，也都有后悔的和不后悔的。

但我可以告诉你的是，不要被自己的认知欺骗了，你得认识到自己真实的内心，才能做出更适合自己的人生规划。

多年前，有朋友说："过年时，我和当年放弃北漂的老朋友吃了顿饭。他说'我在小城市窝着，没啥斗志也没啥发展，但是不用像你那么累，现在这样岁月静好也蛮好'，他说的岁月静好让我也有点动摇了北漂的信念。可是，我看他的眼睛里分明是压抑和不甘，说起当年没有留在北京的遗憾，他总带着几分怀才不遇的自怨自怜。"

而另一位朋友则问我："我叔公早年放弃了体面工作，去某个大城市打拼，苦了一辈子，也没混出什么名堂。他说他不后悔，虽然他牺牲了自己，但是让后一辈出生在了大城市，而且自己也增长了见识。但我内心的疑问是，搭进去一生换这样的结局值得吗？如果他真的不后悔，为什么每天都愤怒不已？如果真的值得，为什么他的人生要靠'意义'支撑着？"

其实不论哪种选择都有成功的，也有不如意的，所以选择哪条路不是关键，关键是要忠于自己的内心，因为你得先知道自己真正需要什么，才能知道该怎么做。而上述的"朋友"和"亲戚"，其实都在欺骗自己。

于是，我给这两位朋友讲了利昂·费斯廷格的经典实验。

利昂·费斯廷格随机招募了一批被试，让他们去干一个小时的拧螺丝的工作，并且在结束之后支付他们报酬。其中，一半被试获得了20美元"巨额"酬金，另一半被试则只得到1美元酬金。然后，利昂·费斯廷格请被试评价他们刚才所做的工作是否有意思。

结果发现，得到20美元报酬的参与者比较真实客观，表示这份工作很枯燥，自己这么做纯粹就是为了20美元；而那些只拿到1美元的被试则认为："这份工作太有趣了！我干活根本不是为了钱！"

你看，同样无聊的工作，获得20美元酬金的人能清醒地认识到"这份工作很枯燥"，但是只获得1美元的人，他们的认知反而受到了影响，开始进行自我欺骗。认知失调理论认为，这种自我欺骗是个体内部解除失调感的过程。因为"干了一小时无聊工作却只获得1美元"这一结果，会使人的认知产生一种失调感，即"我是个笨蛋才会去做这么蠢的事"。为了消除这种失调感，人们往往会采取"重新评价"的方式对其工作进行解释，因此他们会认为这项工作"虽然钱少，但意义重大"，不然为什么要傻呵呵地干一个小时呢？

这就是典型的认知失调导致的自我欺骗。

当然，如果你的人生已经接近大结局或者你的选择已经无法改变，这样调整认知是对的，否则发现于事无补只会让自己更抑郁。

但如果你的人生还能回头，那么尽早认清自己内心的真实需求，才能合理制订下一步规划。千万不要让自己沉湎于痛苦，还不断进行自我欺骗和自我麻痹。

而前文那位电视剧女主角的做法不失为一种选择。"留上海好还是回老家好"，这种事情听别人的意见没用，因为别人不是她，所以她选择亲身实践一下——回到老家工作生活一段日子。最终她发现自己真的没办法认命，才又决定回到上海。这段生活看起来是在浪费时间，其实并不是。她通过这段尝试，厘清了自己的真实需求，对自己的人生规划进行了梳理和整合。这才是意义所在。

认识自己面临的冲突

许多"北漂""沪漂"，他们在做人生重大抉择时，面临的冲突是什么呢？

剧中女主角的问题在于，她对爱情的幻想飘在云端，目标之间存在太多冲突——既想要浪漫，又想要纯洁真心；既想要灰姑娘的奢华童话，又想要平起平坐的尊重平等。

人们在面对生命中的不同目标时，往往会产生冲突。社会心理学家库尔特·莱温提出过三种不同的冲突类型。

（1）双趋冲突。一个人面对具有同样吸引力的两个对象（两个都想"趋向"），但只能选择其中之一且必须放弃另一个时引起的冲突。例如，大城市的繁华和小城市的安逸只能二选一。

（2）双避冲突。一个人面对自己同等讨厌的两个目标（两个都想"逃避"），必须选择其中之一时产生的冲突。例如：大城市的辛苦和小城市的平淡，必须承受其一。

（3）趋避冲突。某一对象既有吸引力又有排斥力的情况下产生的冲突。例如，条件优越的追求者不专一，专一的又条件一般，无法满足自己的需求。

人们必须清醒地认识自己正在面临的冲突，才能做出最优的选择。如果根本意识不到这一点，就只能陷在选择的泥淖中挣扎，在冲突的旋涡中打转。

能力和欲望要匹配

要爱情没错，要面包也没错，二者全都要也没错。关键问题在于，自己能不能要得起。

（1）换行业，提高赚钱能力。想办法进入更赚钱的行业。比如，发展良好的互联网科技公司，在互联网工作的普通职员收入可能比效益不好的企业中层更高。

（2）降维竞争。选择竞争小一点的二线城市，或者发展前景好的新兴城市。必须要面对现实，北上广并不适合所有人。在竞争最激烈的地方，只有综合竞争力最强的人才能留下。综合竞争力包括个人能力、家庭的支援和伴侣的帮助等方面。如果凭综合能力无法留下来，不如及早止损。

（3）选择合适的伴侣。如果父母无法提供经济资助，自己有点能力但又没那么强，又想留在北上广，那就清醒一点，不要做灰姑娘的王子梦，选择合适的伴侣一起奋斗。虽然过不上奢华的生活，但是扎根北上广奔小康还是可以实现的。

上述几种方法，核心就是提高个人能力，或者降低自己的欲望。所以我比较赞同剧中女主角的成长历程。

首先，通过实践，认清自己内心的需求——不愿意回家乡，还想向着目标中的世界奔跑。

其次，认清自己面临的冲突类型并做出选择——放弃安逸平淡的小城市，选择繁华但辛苦的大城市，同时放弃两位条件迥异的追求者，因为他们都不能满足她的真实需求。

最后，她发现了自己能力和欲望之间的差距，并且设法去弥补——她明白了自己想要的世界不能依靠男人，所以修正了自己之前不成熟的想法；在提高能力和降低欲望之间，她选择了提高能力，重新确定目标、制订计划并且执行到底。不过在现实中，能力和差距之间的距离如果很大，建议提高能力的同时降低欲望。

法国文艺复兴时期的大思想家蒙田说："世界上最伟大的事，是一个人懂得如何做自己的主人。"我想补充一句："世界上最困难的事情也是做自己的主人。"

认识自己也可能是一个人持续终生的课题，甚至一不小心还会被自己的认知欺骗。人贵在认清自己，想明白自己有多少筹码与能力、能干成什么、不能干什么，在此基础上调整预期，校正方向，控制不合理的欲望，制定能达到的目标，执行可完成的计划。这样一路走下去，无论是留在大城市还是回到小城市，最终结局都不会太差。

平衡工作与生活

　　有学生问我，学业、工作繁重，压力大到喘不过气，完全失去个人生活，该怎么办？还有人说自己学不会统筹时间，严重拖延、无法自律该怎么克服？当然最多的问题还是，如何成功地平衡工作和生活。

　　面对这些问题，我有时真的很惶恐，因为我在事业和家庭上都还毫无建树，实在不敢接过"成功"的大旗，但如果不回答这些问题，又显得我藏着掖着。

　　所以，我只能就"如何在工作任务较繁重的情况下，既不耽误工作，又能把小日子过出点小滋味"这个话题来谈一点个人感想。

充分利用碎片化的时间

将"途中"的时间利用起来

很多时候，时间是浪费在路上的，尤其是在北上广这种交通负担较重的城市。

早年间我住得离学校很远，地铁单程一个半小时，我每天都用这段时间看文献，等到学校，我起码已经看了一个小时的书，放学路上又能看一个小时的书。在香港读博期间，我每天步行爬山上下课，翻书不方便，我就将学习类的音频存到手机里在路上听（当然，这条建议不适用于开车或骑车的人，交通安全第一）。

以前我不喜欢长途出差，觉得又累又无聊，现在我最爱这种"跋山涉水"。飞机上十几个小时，或者高铁上四五个小时，这么长的时间能干点什么？当然是写论文。没有比这个时间段更适合写论文的了，因为我已经很久没有不被孩子抢电脑、不被各类杂事干扰、连续几小时工作的体验了。

还有一点非常重要：随身携带电脑。对日程被严重割裂、时间高度碎片化的人来说，这点真的太实用了。排队等餐的时候，孩子自己玩的时候，乘坐出租车（尤其堵车）的时候……随时翻开电脑连上网就可以开始办公，不把时间浪费在无聊的等待上。

当然，碎片时间也分为"大碎片"和"小碎片"。如果是稀碎的小碎片，可以拿来玩游戏或者休闲放松。一来，一二十分钟实在没法用来办公，思路还没接上又中断了；二来，劳逸结合是必要的。

让拖延变得充实有意义

如果有人问我，做自媒体算是我生活的一部分还是工作的一部分？我觉得算生活的一部分吧。如果当工作来做，我可能也会拖延。

这就要说到应对拖延的技巧了。我前文也说过，不要无所事事地拖延，要充实而有意义地拖延；要用其他的小任务把拖延大任务的时间填充起来。

你也可以把拖延的时光看作另一种形式的"碎片时间"。当碎片足够大的时候，就要用有意义的事情将它填满，比如看几十页书、写篇文章、陪孩子亲密互动或是为家人做一桌大餐……以我自己为例，当我焦虑、拖延的时候就会停下来换个节奏，构思公众号写什么或者写两页书稿。最后我发现自己在拖延写论文的空当，居然把自媒体做起来了，并且写了一本书……不想思考的时候，我就会做菜，或者翻阅历史书，这样既减压又能获得一种"我没有浪费人生"的安慰，能够起到正面的情绪调节作用。

总之，不要一边焦虑一边没完没了地刷手机，刷完手机不一定会感到放松，反而会充满挫败感和紧张感。

节约使用认知资源

充分利用集体智慧

一个人的认知资源是有"带宽"的，完成每一项任务都需要运用心理资源。同时操作几项任务时可以共用心理资源，但是人的心理资源总量终归有限，当认知资源被某些事大量占据时，另一些事情的处理就得不到足够的资源调配。

所以，要充分利用朋友之间集体智慧联动产生的协同效应（也就是"1+1>2"的效应）。例如朋友 A 懂吃的，你就跟着他吃；B 懂穿搭，你就学他的穿搭；C 懂玩乐，你就跟着他玩儿；D 懂学习，你就跟着他总结学习方法……如此就省去了自己调用认知资源去钻研的时间和精力，生活质量也会得到大幅提高。

比如鹿老师的朋友，她很喜欢鹿老师的穿搭风格，但她工作太忙，而且她既不懂服饰搭配也没空研究，于是她就把自己和她孩子的行头完全交给鹿老师打理，而鹿老师也乐于帮她挑选和搭配服饰。这样一来，她就不必再为自己穿什么、孩子穿什么而操心了。

再比如，鹿老师的表妹非常热爱做旅游攻略，不管去哪里，一路行程她都能安排得妥帖。我们就经常跟着她玩儿，完全不用在旅游攻略和行程安排上操心。

有人也许会问，别人凭什么帮你操心这些啊？一来，你在朋友中肯定也得发挥自己的作用；二来，正所谓萝卜白菜，各有所爱，爱做攻略的人遇上同样爱做攻略的，可能吵了三天，行程也定不下来，因此他们反而更喜欢和我们这种听话、有高执行力、能分摊各种费用，也能做伴的人结伴旅行。

建立品牌忠诚度

这同样涉及认知资源的节约使用。很多人认为选择越多越好，但是选择越多调用的认知资源也越多。因此在品牌选择上建立忠诚度，可以有效节省大量认知资源。

例如买车。一项研究显示，年轻人平均需要在 19.49 个选项中做选择，老年人则平均需要在 6.04 个选项中做选择。由此可见，老年人的品牌忠诚度更高。因为认知功能的明显下降，老年人的生活智慧就是"少一点选择，多一点幸福"。

很多年轻人购物时喜欢研究半天、比较半天，其实这样往往会多花钱，而且耗费精力。所以我一般是用到适合的、有品牌保证的东西就不轻易更换品牌，需要补货的时候直接复购就齐活了，不把脑细胞消耗在货比三家、研究产品功能上。同时，保质期长、易消耗的用品可以多买一点，降低购买频率，买一次用一年的状态最好。

任何时刻都可以是亲子时光

我经常会利用孩子挖沙子、拼乐高、搭玩具火车轨道的空当来写自媒体文章，有人可能会有疑问，这样不就无法给予孩子"高质量的陪伴"了吗？

玛丽·爱因斯沃斯在婴幼儿依恋风格测试——陌生情境测验中发现，安全依恋型的儿童可以放心地把后背交给父母，自己独立玩耍，自由探索周围环境。因为他知道，父母随时都会在自己身后。在这种安全的依恋关系中，父母不需要时时刻刻与孩子刻意互动。

他玩他的，你做你的，是让彼此都舒服的亲密关系状态（当然，安全起见，一个人单独带孩子外出的时候不建议这样做）。

什么叫作低质量的陪伴呢？就是在孩子需要你给予积极回应的时候，你一直缺席，人在心不在。很多研究发现，这种低质量的陪伴对孩子的积极影响几乎可以忽略不计，与不陪伴没有显著差异。

其实亲子互动的时光不一定非要刻意抽出时间来营造。比如带孩子乘坐交通工具的时候，和孩子玩各种游戏（不用担心玩什么游戏，孩子会自己发明无数种角色来扮演）；带孩子去医院等叫号的时候可以给他讲故事、读绘本；和孩子一起搅拌鸡蛋、揉面团；等等。

参与家庭建设、陪伴孩子，不只是妈妈的职责。心理学家迈克尔·兰姆花了大量时间研究父亲在儿童成长中的作用，他发现，父亲在儿童教育各方面的积极参与对儿童的成长有重要影响。举个简单的例子，父亲与孩子的"游戏"行为，可以非常好地提升儿童的社会性、竞争力，对于儿童性别角色的形成也有很大的帮助。相反，如果父亲缺席了孩子的成长，这样的孩子在认知能力、社会适应，甚至择偶观念上（尤其是女儿）都可能出现不同程度的问题。

适当地用金钱置换时间

经济学家阿南迪·曼尼的一项研究显示，贫穷对认知功能具有妨碍作用。其实，更准确的说法是，贫穷会导致人陷入谋求生计的琐事中，而大量占用认知资源、使人无力进行长远全局思考的正是大量繁杂的琐事。

因此在经济状况允许的情况下，适当地用金钱置换时间，从琐碎中解脱出来，也是很重要的。比如，每个星期可以请家政人员打扫卫生，请阿姨帮忙做饭，能加配送费叫外卖的东西就不要自己跑去买，等等。这不是偷懒也不是挥霍，而是借助社会分工来解放自己，节省自己的精力和体力。

我曾经也认为工作应该和生活严格分开，毕竟"玩就玩个痛快，学就学个踏实"。比如，下班以后就决不再查看邮件，回到家后坚决不讨论专业上的事情，陪家人的时候就不能被工作打搅，否则无法给予家人高质量的陪伴。

后来我发现这种想法太过天真了。一个人的社会角色一多，工作和生活就真的很难分开。对还在拼搏路上的我们来说，日子永远都像是被生活和工作严丝合缝地咬合着的齿轮，运转中只要一个齿轮被卡住，整套齿轮就会乱套。

当我学会把工作和生活相结合之后，我发现，我学会了把科普做得更深入浅出，不仅和家人的交流质量更高，教学技能也大为提高了。由此我认为，工作和生活虽然不可能完全互不影响，但也可以做到相得益彰，互相补益。

最后我想说，社会支持也至关重要。

我觉得工作与生活平衡其实是一个伪命题，因为一个人的认知资源和精力终归有限，很难同时在两方面都投入足够的资源。这就好像要做"双任务"一样：主要任务做好了，次要任务一定会有割让；若是两个任务都做好了，那一定是以另一个人的牺牲和付出换取的。

能够做到工作、生活两不误的人，不论是男性还是女性，一定离不开社会支持——合作伙伴的支持、伴侣的支持、父母的支持。比如，如果我没有合作者的配合，做不好研究；没有鹿老师的帮助，就做不好科普；没有父母、岳父母的帮忙，我也带不好孩子。

所以所有的岁月静好，一定是因为有人在帮你负重前行！

日常生活中的怪诞，
不易察觉的心理角落

3

许多年前我初入北京大学读心理学的时候，内心是怀着幻想和好奇的。当时我的想法就是"我想知道别人在想什么"，以为学了心理学，就意味着有了读心的能力。

当然，现在也有很多刚刚认识我的人，第一句话就是："你是学心理学的啊？在你面前我一下子被看透了。"或是："你猜猜我现在心里在想什么？"我想告诉他们，我要是有这个能力就不会总是惹太太生气了。所以我现在总和人家说："学心理学的，一不读心，二不算命，三不解梦。"

在最初"学会读心"的想法破灭之后，我又花了一段时间来思考：学习心理学的目的和意义到底是什么。

现在我的领悟是：心理学让我明白了，很多时候人的行为可能是大脑的把戏，是思维的陷阱。虽然学习心理学并不能让我拥有读心术，但让我学会了去理解各种看似怪诞的行为——不管是"转发锦鲤",还是"囤货癖";是"容貌焦虑",还是"炫富瘾"——无论它们看起来多么荒谬可笑、不合常理,其实背后都有自圆其说的动机。

如此,我学会理解他人,也更能认识自己。我拥有同理之心,也更愿意探索世界。

被塑造的容貌焦虑

　　容貌焦虑，即一个人对自己的容貌有各种不满意，甚至不惜牺牲健康去改变外表。古有裹脚、束胸、束腰，现有削骨、过度整容、过度减肥。即便没伤害身体，心理上的伤害也是存在的。不少人因为过度关注外表甚至过度低估自己的外表，而产生情绪困扰。

　　一般来说，女性的容貌焦虑程度要高于男性，大概是因为很少有人语重心长地说："男孩子的容貌真的太重要了！"

　　不管是长相普通的女孩还是漂亮的女孩，她们几乎从小就处于他人的评头论足之中。

　　我就看到过有父母对女儿的外表要求很高，对女儿说："你看你的嘴形不太好看，要是男孩长这样还不要紧，但是女孩这样就不行了。"这类话常常会让女孩觉得自己的容貌很差。

女性的容貌焦虑不仅仅是父母灌输的，社会的塑造也是一个因素。因为父母知道社会对女性容貌的期望值，知道大众审美一向对男性宽容而对女性严苛。所以不只是女孩在焦虑容貌，其父母也在为女儿的容貌而焦虑。

　　对容貌的评判甚至不会放过世界上最有权势的女人。我小时候在杂志上看过一则笑话：希拉里·克林顿永远也不可能当上美国总统，因为如果她漂亮，女人不会选她；如果她不漂亮，男人不会选她。

　　当人们评价一位男性，首先是看他的人品、能力；而评价一位女性，意识大多还停留在以貌取人的阶段。

　　这就可以解释，为什么很多明明不胖的女孩也总说自己要减肥，很多明明相貌周正的女孩总觉得自己的五官、身材、皮肤到处是缺点。

　　当整个社会都在用这套评价体系去衡量女性的一切时，她们只有不断修正自己去迎合这个体系，才能获得本该属于她们的社会认可。而男性则不需要去迎合这个评价体系，因为对男性而言不存在这样的评价体系。

　　不过我认为，随着女性经济地位和社会地位越来越高，"物化男性"和"男性容貌焦虑"也一定会越来越多。

　　法国女权运动先驱之一西蒙娜·德·波伏娃说过："女人不是天生的，而是后天形成的。"女性是通过接受并按照社会对其角色适应性的定义，而将自己塑造成一个符合（男权）社会期望的、"合格"的女人。

女性首先要做一个人，做一个达到自己期望值的人，然后再按照自己愿意的样子去做一个女人。

当然，我这么说并不意味着不允许人们保有爱美之心。你可能会认为我在玩文字游戏，但是按照别人的意愿去改造自我，和按照自己的意愿去改变自我，是截然不同的。

如果一个女性在容貌焦虑之下修饰容貌，她会想方设法掩盖缺点，她的内心是痛苦的，外显出来就是局促的、紧锁的；在洒脱、自洽、爱自己、认可自己的心态下装扮自己，其内心感受到的是快乐，绽放出来的是自信和向上，整个人都是舒展的和充满力量的。

反容貌焦虑，不是说以不修边幅、邋里邋遢为荣，也不是叫人失去自知之明，逼着别人承认自己美若天仙，而是"我知道自己不完美，但我仍然爱自己，全然接纳自己"。

其实鹿老师从容貌焦虑走向不焦虑，经历了漫长的过程。

第一阶段是她上高中的时候。那时候她留着短发，打扮比较像男生，常被错认成男孩。大家也知道中学生的嘴巴有时候很毒辣，总有人叫她"阴阳人。"有一次，她被一群同学围着说："你长大以后去做个变性手术吧。"她当场被气哭了。

后来她的一位好姐妹安慰她："长得像男人又怎么样呢？

即使是，你肯定也是个俊俏的美男子，一样招人喜欢。好看的人是不分性别的，你要真是男人，我就真的嫁给你。"鹿老师第一次感受到了治愈。

这其实也是心理学中经常说的无条件的积极关注：不管你是男是女，你始终是被爱、被喜欢的，在我的心目中我无条件地认可你、接纳你。这样的姐妹是真朋友呀！

第二阶段是在她见到自己的妈妈变老后。我岳母年轻时美丽大方，即便现在老了，也依然优雅高贵。出门时，她会化精致的妆容，穿摩登的大衣和考究的高跟皮鞋。鹿老师总跟她开玩笑，说她整天打扮得像电影里的豪门太太。

鹿老师发觉自己很爱妈妈的时刻，是在她偶然看见妈妈对镜卸妆后的状态时，妈妈摘下假发，头顶稀疏花白，面容憔悴，是那么苍老又单薄。这让鹿老师特别心疼，她在心里暗想"我一定要努力赚钱，好好孝顺她"。也是在那一刻鹿老师想到一句话："人人都爱你年轻时的容颜，但我更爱你备受岁月摧残的脸。"

鹿老师以前不懂，怎么会有人爱一张备受摧残的脸呢？现在她懂了，原来是这种体会。这也是无条件的积极关注：就算妈妈的脸备受岁月摧残，但我依旧爱妈妈。

爱你的人，她对你的爱并不会因为容貌的衰老而改变。既然如此，就无须在乎那些不爱你的人如何评价你的外表。

第三阶段是鹿老师放下了女性身份的所有焦虑之后。可能有人会认为，是我经常夸赞鹿老师，才帮助她建立了自信。

确实，有时候鹿老师会抱怨自己"我好胖""我汗毛好重"，我会安慰她："你是不瘦，但你的胖是好看的、健康的。""你是汗毛重，但与此同时你的睫毛像扇子、头发像瀑布，你是我见过发量最多的人。"

我不会否认这些"缺点"的存在，而是肯定地告诉她，她的这些特点不是缺点，而是优点。

现在鹿老师经常换个角度看待自己：从进化心理学来讲，身强体壮，毛发浓密，这是生命力旺盛的体貌特征，确实也是美的象征啊。

实际上，这不是她摆脱容貌焦虑的主因。因为在生活中，我很少夸赞她好看，或者说，我很少评价她的身材、皮肤和相貌。我会无视传统价值观中对女性的定义，也从来不说女性"应该"怎样（只会说你"可以"怎样）。在男同事阴阳怪气地说"我要是已婚妇女，我就老老实实在家做饭带孩子"的时候，在女上司说"我肯定不会让有孩子的女下属升职"的时候，在客户说"这么年轻啊，会不会喝酒"的时候，在外界对女性传递各种恶意的时候，我都会鼓励她成为她自己想成为的样子。

当鹿老师跳出"女性"被定义和被期望的框架，自然就不再为自己不符合"白幼瘦"的审美而焦虑。或者说，她摆脱的是女性身份的所有焦虑，容貌焦虑只是顺带摆脱的。

最后我想说，如果你也为主流审美对女性身材、皮肤、相貌的评价而焦虑，为别人贬低你的外表而苦恼，那就告诉他们："我很喜欢我的样子。我和你一样普通，凭什么不能和你一样自信？"

人其实有"审丑"的需求

鹿老师很喜欢看一些短视频，里面的一些博主经常以戏剧化的、夸张的搞怪扮丑的姿态出现。

我出于好奇，认认真真地看过这类视频，但也不太能明白吸引她的点在哪里。更有甚者，某位博主的粉丝数居然高达700万。

鹿老师既能赚钱养家，又能貌美如花。养鱼种花、写诗作画样样精通，时常胸怀天下，每每治愈人心，这不比搞怪扮丑的网红迷人吗？而她为什么会沉迷于这类审丑短视频？这类外形平凡、没有特殊才艺、视频内容缺乏内涵的搞怪类博主，为什么能成为现象级网红呢？

猎奇

人们喜欢美好的人和物，这个自不必分析。但是相对不那么美好的人和物，也有奇妙魔力深深吸引了人们的注意力，这又是为什么呢？

因为他们与人们习惯的传统审美背道而驰，又以夸张、变形、戏剧化的呈现形式来制造情绪上的冲突，形成一种"陌生化"的体验，给人带来新奇强烈的感官刺激，满足人的猎奇心理。

心理学有一个概念叫作"超限效应"，是指某样事物过多地存在，或者对人造成的刺激过多过强，或者作用的时间太久，就会引起人们心理上的极度不适，甚至逆反心理。

50后、60后的父辈迷恋过港台明星，因为当时中国内地推崇能顶半边天的"铁姑娘"，而突然之间港台女明星柔柔弱弱、哭哭啼啼地在屏幕上谈情说爱，惊艳了叔叔阿姨的岁月；80后、90后在青春年少时则多少都幻想过有一个"野蛮女友"或成为"野蛮女友"，这也是因为梨花带雨的琼瑶女郎风靡太久，一个孔武有力的"暴力女友"反而令人耳目一新。

现在各种自媒体平台给民间高手提供了展现自我的机会，我们会发现原来身边藏龙卧虎：相貌出众的、能歌善舞的、琴艺精湛的、仪态优雅的、智商超群的、口若悬河的、身怀绝技的、腰缠万贯的……但是随着这类博主越来越多，大家会越来越腻，再看到多才多艺的美女帅哥时内心也难起波澜。

这个时候，一个长相平平，不修边幅，举止不算文雅、才能不算出众，甚至当着观众的面打喷嚏、咳嗽的人一出现，大家会立刻感受到与之前完全不同的新奇刺激："啊！这是什么物种？""哇！她好特别，不做作！"

包括很多有才能的网友对原视频素材进行的各种二次创作（如表情包），都是对这种"土味快乐"的猎奇追逐。猎奇的趣味，首先能够给人们带来陌生的感官冲击，刺激多巴胺的分泌；其次，它满足了人们"彰显自我"的心理需求；再次，它满足了大家"向下社会比较"的心理需求，能够帮助人提高自尊；最后，它夸张和戏剧化的表达方式，反抑制、反约束，本身就有一种宣泄情绪、疏解压力的作用。

替代性的减压模式

鹿老师感慨："看到她们（搞怪博主）我才知道，原来'浪费人生'这件事是被允许的。"

鹿老师说，她白天在忙东忙西和重度拖延中来回焦虑与纠结，晚上再回顾反思，又因虚度年华而悔恨，因碌碌无为而羞耻。当她看到这些搞怪博主，在屏幕前大大方方地展现自己的无聊和乏善可陈，说着没有营养、不着边际的话，而且这是被允许的，甚至是被很多人喜欢和认同的，她的焦虑就得到了一种替代性的释放。

她说："原先我总害怕让人觉得自己无聊浅薄，结果当我看到有人能够心安理得地展现'无聊的内容'，我就觉得很治愈。那我不上进不够努力应该也没什么吧，原来不是我一个人这么颓废。原来大家不是都那么想去追逐意义。可是我也不敢真的完完全全懈怠，因为我有我的责任与追求，所以看到别人坦然地'虚度'着，我就在想象中完成了当'废物'的愿望。"

所以，那位搞怪博主的几百万粉丝不是因为他们也想要这么做，而是因为他们可以从夸张的言行中获得一种替代性的宣泄。搞怪与大喊大叫本来就是某些人宣泄情绪、释放压力的重要方式。可在人际交流中，不恰当的自我表达往往会造成很多麻烦，影响正常社交，所以有些人会压抑自己的欲望，转而在搞怪视频中获得这种替代的释放。也许他们喜欢的并不是这个人，只是想通过这样无所顾忌的表达方式来宣泄自己的情绪压力而已。

全然的自我接纳

通过对搞怪博主短视频内容的观察与学习，我发现他们身上具有心理学人非常强调的宝贵特点：全然的自我接纳。

当博主们毫无顾忌地展现自己的性格和长相，被网友指责是"跳梁小丑""哗众取宠""装疯卖傻"时，他们并没有因此改变自己，像是对自己的状态充满了底气。

而这一特质是很多人缺乏的，尤其是女性。我见到的很多女性，对自己这里不满意、那里不喜欢，明明已经很好，却总觉得自己还不够好。

这类女性朋友不妨学学这些博主的心态：接受自己的状态，不和自己较劲，不理会别人的评价，在现有状态下坦然松弛地活着。如果连他们都可以活得从容不迫，我们更没有必要活得如此局促不安。

想买包，并不真的只是想买包

自打鹿老师有一次参观完朋友的豪宅后，她的内心始终处于蠢蠢欲动而不得的躁动之中。

人的消费欲望总需要被安放。当一个人没钱买大件奢侈品时，就会转向购买单价较低的小件奢侈品来提升幸福感。这是一种压抑花钱欲望后的补偿心理。

于是，当鹿老师接受了自己买不起豪宅的事实之后，便开始了一系列的动作：先是换掉家里零零碎碎的小玩意儿，比如墙上的挂画、客厅的窗帘、衣柜里的衣服；继而把餐边柜换了，锅碗瓢盆也换新了；接着又把鞋柜、鞋子也都换了；最近她又打算买新床，并且开始做攻略，叮嘱我去香港出差时给她买包……

我每天看她忙进忙出地扔东西、买东西，直到有一天，她躺在床上突然感慨道："小时候看《夸父追日》，我就想哪有人会去追太阳追到死啊？现在却觉得，谁想出来的这些故事，真是先贤的智慧啊！想要的生活原来真的一直都追不到呢，明知追不到也无法停下追逐的脚步。"

"你有没有考虑过，你有可能是中年危机了？"我问道。

她立马坐起来横眉冷对："你说谁中年？"

我赶紧解释："不是中年，重点在'危机'二字！我能感觉到你最近对现状很不满意，买这买那的，你在进行着某种努力，渴望发生一些改变。"

"我买鞋买包就是图开心，想对自己好，不可以吗？"

"对自己好当然没问题，但什么才是爱自己？当然，买东西是爱自己的方式之一。但我认为，爱自己的前提首先应该是正确地认识自己。"

老子云："知人者智，自知者明。"心理学研究认为，"自我认识"和"自我意识"正是我们不断自我成长、自我提升的基础。

我们每个人的成长过程，都是"内心自我"逐渐生成并稳定的过程，但并不是所有人都能在这个过程中发展出对"内心自我"的清醒认识。一个人只有准确意识到自己的真实状态，觉知到自己内在的情绪体验，才能合理管理自己的心理状态。

心理学家对动物所做的镜像实验发现，豹子会去攻击镜子里的自己，因为它们没有自我意识，不能意识到镜子里的形象其实是自己。同样，如果人类不能正确认识自己，我们也很可能像豹子一样潜在地"攻击"自己。例如暴食症患者，就是因为自我外形认知出了问题，才会不断用催吐、减肥来伤害自己。

如果人不能知道自己内心要什么，就只能一直处在徒劳的挣扎之中，任凭焦虑对自己造成伤害而不自知。

我继续对鹿老师说："你有没有意识到，你正在做的这些改变，其实是你内心觉得自己不够好。你渴望变好，却又不愿意接受和承认自己不够好，因此将压力转向外在的实物。"

鹿老师说："我才没觉得自己不够好呢！"

我说："那我问你，你为什么喜欢买这些名牌大衣、包包和鞋子？"

鹿老师说："因为感觉它们像一种符号，代表着我小时候向往的中产生活。我想提醒自己，努力生活为的就是实现自己想要的人生。大衣是我的铠甲，包包是我的武器，鞋子是我的战靴，拥有它们我就是一个职场精英，可以一路狂奔，无所畏惧。而且包包对我们真的友好，衣服还挑身材模样，包包不挑，不管是胖是瘦，包包永远都那么美。"

我说："所以，你是把衣服和包作为武器来武装自己。但你有没有发现，你内核的焦虑其实源于你渴望成为'中产阶级''职场精英''瘦子'，并不在于你缺这些衣服、名包和鞋子。"

鹿老师让我继续。

"你知不知道，什么样的人最需要购买炫耀性的非必需用品？答案是低自尊的人，也就是无法确定自己是否足够好的人。"

低自尊的个体对于"我是否被认可"怀有极大的不确定性，也无法通过自我认可来获得内在的满足感，因此更愿意去买代表身份的豪车、名牌包来宣示威势和力量，并从他人的反馈和评价中获得自尊。而那些自尊比较高的人，觉得自己足够有力量的人，其实并不会对此特别买账。

就像武侠小说里那些为了抢厉害装备（诸如金蛇剑、金丝软甲）而厮杀的人，往往都有一颗称霸武林的心，却未必是真正的高手。真正的高手都是心法口诀在心中，无须靠装备升级。

我又对鹿老师说："你是个特别渴望高评价的人，你一直以来想让自己变得更好都是为了得到别人的肯定。但同时你又是贪玩偷懒的人，你本能地躲开那些更为艰苦的、让自己变得更好的方式，而去追求那些轻松的、舍本逐末的方式。你让自己的外形无限接近你想象中的优质成功女性，然而内在的你还是原来的你。"

鹿老师思考了一阵后表示："你这么说好像也有道理。我瘦的时候好像没有买过这么多衣服，因为我不需要靠衣服来证明我是小仙女，可是长胖之后，我总觉得这件不够显瘦，那件不够有气质，总在寻找也许会更显瘦的下一件……不说了，我决定跑步去了！"

我说："跑步健身当然好，但你想在事业和人生中有所突破，靠的也不是你瘦了几斤，穿了什么高跟鞋或拎了什么包，而是需要不断提升自我和懂得自我约束。升职加薪看的是你是否自律、高效和聪敏，是否具备独当一面的能力和不可替代的竞争力。而且"腹有诗书气自华""读万卷书，行万里路"，才会让你兼具好看的皮囊和有趣的灵魂。只有不断地读书学习，才能提升自我、丰富自我，让你获得真正的自信和快乐。"

女性为什么热衷购物？

有一次，我和鹿老师就这个问题进行了探讨。我问她："包就是用来装东西的，为什么要左一个右一个地买呢？还有你那些口红，擦来擦去都是红色系的，为什么要买那么多看上去几乎是一个色号的口红呢？"

鹿老师反唇相讥道："那你为什么喜欢玩游戏呢？难道你没意识到你坐那儿半天就是四个按键来来回回摁吗？你就是把拇指磨秃噜皮了，按的也就是那四个按键啊……"

为什么男女之间兴趣的差异如此之大却又完全有迹可循，比如男生爱打游戏，女生爱购物，大多数人遵循着这个规律并且彼此都无法理解对方的乐趣所在。

于是我翻阅了一些进化心理学的文献。在远古时代，女性负责收集（采摘），男性负责攻击（狩猎）。虽然如今社会分工已经完全不同，经济独立的新女性已经可以在科教文卫体、农林牧副渔、军政社会仕、工商建运服等各个领域里大显身手，但是，由"收集"和"攻击"分工带来的愉悦感都留在了人类的基因里。

譬如大多数像我这样的宅男，闲暇时光在虚拟的战斗中释放不存在的雄性攻击性；而很多像鹿老师这样的女生，则需要占据大量属于自己的物品，就像龙盘踞在装满珠宝的洞里一样，哪怕用不上也要守在上面。尽管拥有了整橱的衣服鞋包、口红首饰等，却还是忍不住购买的欲望。

由进化论得来的"收集"理论或许可以解释女生的购物欲。不过，女性为何对包情有独钟呢？

这大概是因为，远古女性从事果实采集时，必然需要用到相应的工具。最开始，原始人出去采集果实可能是用比较大的树叶包裹着，但是树叶比较脆弱，后来应该是用编织的篮子或者兽皮来充当容器。于是，每当有采集活动，女人就带上篮子或者兽皮出去，久而久之，包就成了女性的必备生活用品。

但我们还是没有解答另一个问题，包只是用来装东西的，为什么要买名贵的包呢？普通的包难道不行吗？在心理学中又该如何解释呢？

这就要说到女性对"贵而无用"的东西的热爱了（同理于

女性为何热爱钻石）。这大概是女性考验男友真心的利器。房子再贵，男人也可以住；冰箱、彩电、汽车再贵，男人也可以使用；但是像钻石、名牌包这样的奢侈品，对男人来说既贵又完全无用，他舍得购买，足以说明对女友的重视程度。

2014年《消费者研究期刊》上的一篇文章就从这一角度给出了实验证据。在实验中，研究者让两组女性被试分别阅读一段关于"某女士和男朋友参加聚会"的文章，文章大部分内容都是一致的，除了在描述女士穿着和佩戴珠宝时有所不同——A版本说她穿的都是大牌奢侈品，B版本则说她穿的是普通商品。被试们读完文章后，研究者让她们来评价"你觉得这位男友有多爱这位女士"，结果显示，A组认为男友更爱女友。

在第二个实验中，研究者则启动了女性被试者的竞争动机，即让她们想象有另一个女性要抢她们的男朋友，研究者想了解在这种情况下，是否会激发女性的防御性购物（购买更多的奢侈品能够显示男朋友爱她）行为。结果发现，当被试意识到有人跟她争抢男朋友时，确实会启动奢侈品购物动机，而且品牌标识越大越好。

所以，按照心理学的理论，女性购买奢侈品的另一个重要动机在于向潜在竞争者示威。

鹿老师这时又提出疑问："可是很多女生并不需要男人为

她买包啊！自己挣钱自己花，根本不需要考验谁的真心，那为何还是喜欢购买名牌包呢？"

我认为，随着女性经济地位的提高，女性奢侈品消费的动机也在默默发生转变。以往人们认为男性购买奢侈品的动机是展现经济实力、显示社会地位，而如今女性在购物消费时也出现了这种心理需求。

2017 年《商业研究期刊》上登载的一项研究显示，大众购买奢侈品的动机大约可以分为 4 种——精英主义、排他性、精致感和文化感，前两种消费动机属于"自尊需求"，后两种属于"审美需求"。

该研究认为，男性购买奢侈品的动机大部分来自精英主义和排他性，即他们需要显示自己的雄厚实力和崇高地位；女性购买的动机则主要来自精致感，她们希望提升自己的外在形象。但是这一结论仍然存在争议，因为也有其他研究发现，不少现代女性也同时存在精英主义和排他性的动机。

购买名牌包体现的其实是一个人迫切需要高内隐自尊感的状态。这类人不能获得足够的由内而外的自尊来源，因此需要通过符号式的外在媒介（如炫耀性购物、奢侈品消费等）来达到由外而内的自我肯定。

于是有读者问："老师，我喜欢香奈儿包，就是单纯觉得香奈儿的包设计和质感特别好，那怎么判断我对它的爱是出于审美需求还是自尊需求呢？"

我让她问自己一个问题："假设有一款包，它从外观设计到手工质感再到五金皮质都和香奈儿一模一样，唯一的区别是，它只卖 300 元，你还会获得和拥有香奈儿一样的快感吗？"如果会，就是审美需求；如果不会，就是自尊需求。

对这个问题，鹿老师思索了几秒后回答道："纵得莞莞，莞莞类卿，暂排苦思，亦除却巫山非云也。"

答案很明了，她喜欢的不仅是香奈儿的设计，更爱那个标识。她也坦言："单纯追求款式的人其实不必买香奈儿，因为很多没有品牌的包款式也很美。但我需要的就是拥有香奈儿的快乐，拿到包包的时候感觉包在闪闪发光，自己也在闪闪发光。"

所以，名牌包在她看来是某种生活状态的写照，是有助于提升内隐自尊的外因。

买名牌包不等于爱慕虚荣与好逸恶劳

家宴的时候，姐夫对我说："你一个大学教授，为什么老讨论购物话题啊？这和你的目标受众肯定不契合！"

我问："何出此言？"

姐夫说："关注你的读者，肯定都是比较爱学习的人。你老说奢侈品啊、名牌包啊，那都是爱慕虚荣、好逸恶劳、不学无术的人才关注的，你的读者肯定不感兴趣。"

他话音未落，就遭到了姐姐、鹿老师和侄女的群攻："谁告诉你买包的人不学无术了！"

等她们抨击完，我又补了一句："这就是你的刻板印象在作怪！"

以前我说过，人们会将"注重打扮""华丽外形"与"不专业""不靠谱"的印象联系起来。鹿老师也说过，她在工作中经常得到的评价是"没想到你每天打扮得漂漂亮亮的，工作起来竟然还挺拼的"。可见，人们对于爱美人士"好逸恶劳"的偏见很深。

我认为，对物质欲望进行良性引导，学会做欲望的主人，了解并掌控自己的需求，可以将欲望化作动力，激励人前进。比如很多人为了买包而努力学习、拼命工作。反之，如果受到恶意引导，人则会陷入欲望的泥淖，成为欲望的奴隶。比如有些人为了买包而欠债，甚至去借贷。但我们不能只看到"为了买包而去借贷"的人，就故意对"为了买包而努力学习、拼命工作"的人视而不见。

很多男性对女性买鞋包、买钻石这类事存有如此大的偏见，是因为这些需求提高了男性求偶的潜在门槛。就算女性觉得"我不需要你给我买"，某些男性潜意识中还会不自觉地认为，我理应有这个能力才能达到求偶的准入门槛。

反感别人炫富，不仅仅因为嫉妒

"我反感他在炫富，是因为我嫉妒吗？"说到炫耀性购物、购买奢侈品的话题，就不得不说一说关于炫富的话题。

我见过的炫富画风通常是这样：

- 大扫除真的不容易，黄浦江边偌大的一个家，足足 180 平方米，想要好好呵护每一处精致的细节，真是一点都马虎不得。

- 也不知道为什么我一个几乎不用笔写字的人，要买四位数的爱马仕笔记本。

- 幸好同事家小孩帮忙看管，不然刚在巴黎买的近 5 万元的最新款包包真不放心交给 ×× 门口的大妈保管。

一般来说，喜欢炫耀性购物、购买奢侈品的个体，多数缺乏内在的满足感，因此他们需要从他人的反馈和评价中获得积极情绪。

有人可能会反驳我："这可能就是上流社会的日常啊！何以见得人家就是炫富而非无意中露富呢？"有的人可能会觉得："不过是你缺什么，就觉得人家在炫什么。"

这个我可以解释，炫富和露富是有着明显区别的。

首先，炫富有一个重要特征：或明示，或暗示，总要在描述一件看似不相干的事情时，着重强调某件物品或某种生活方式所需的价格。而露富则是在描述日常事件时，无意间透露出生活习惯、言行举止、生活品质、价值观等方面的养尊处优而不自知。我们以《红楼梦》中贾宝玉出场的经典桥段作为示例：

> 头上戴着束发嵌宝紫金冠，齐眉勒着二龙抢珠金抹额；穿一件二色金百蝶穿花大红箭袖，束着五彩丝攒花结长穗宫绦，外罩石青起花八团倭缎排穗褂；登着青缎粉底小朝靴……虽怒时而若笑，即嗔视而有情。项上金螭璎珞，又有一根五色丝绦，系着一块美玉。[①]

曹公这段文字若是换成这种画风——

---

① 参见人民文学出版社 2019 年 10 月版。——编者注

头上戴着天宝银楼价值万金的紫金冠，身着东渡倭国时买来的限量版排穗褂，登着金陵天字一号绸缎庄的当季最新款青缎小朝靴。项上佩着花了六百两纹银的金螭璎珞，又有一根江宁织造府特供的五色丝绦，系着价值八千八百两黄金的美玉……①

这么对比是否能看出两者的区别了？

其次，光从外显特征不足以判断一个人是炫富还是露富，要了解某种行为，一定要了解行为背后的情绪和动机。

例如，一样是砸价值连城的宝物，一样都是糟蹋好东西，西晋时期的富豪石崇斗奢就是一场类似成果展示会的"炫富"，贾宝玉却是不知人间疾苦的"露富"。

石崇用铁如意砸碎晋武帝赐给王恺的珊瑚树，继而搬出自己府中更高、更贵的珊瑚树让他挑。他的动机是借赔偿之名，让王恺见识见识什么叫"一珊更比一珊高"。

而贾宝玉砸玉，是因为他原本就含着通灵宝玉出生，并不觉得这玉有多稀罕，所以一看神仙似的林妹妹没有玉，他就"也不要这劳什子"了。他的动机是不想在家中姐妹里显得与众不同。

---

① 本段文字系鹿老师改编，请读者不要当真。——作者注

再比如撕扇子，贾宝玉的动机是博晴雯一笑。他对于"物尽其用"也有一套自己的价值观：扇子、杯盘本是拿来用的，你要是图高兴，那撕着玩也行，砸碎了听那声脆响也行，"只是不可生气时拿它出气，这就是爱物了"。

而石崇叫厨房下人把蜡烛当柴烧，不是他对蜡烛的妙用另有一番惊世骇俗的解读，而是为了打败王恺，是要孔雀开屏般地向世人展现自己雄厚的财力。

每个人都需要向别人展现自己，而自我展现的动机不外乎希望被人喜欢、被人关注或被人尊重。达成这些目的的手段不少，而炫富就是自我展现的基本方法之一。

从进化的角度来说，被尊重和被喜欢的人更容易获得资源和利益，从而提高生存和繁衍后代的概率。换句话说就是，"我的资源充足，跟着我有肉吃，你要加入我的队伍吗？"展示自己拥有的能力、财富、地位或成功，是个体获得被尊重、被认可等正向情绪体验的重要手段。

那么，什么样的人特别需要强化这种情绪呢？那就是对自己"被认可、被尊重"这件事既有极大渴望，又怀有极大不确定性的人。

研究中较常见的是炫耀性消费。例如，于 2010 年发表在《实验社会心理学杂志》上的一篇文章，尼罗·西瓦纳坦、佩蒂特两位作者对被试进行了两种启动实验：一种是负向反馈启动，一种是正向反馈启动。通俗点说就是，分别给予他们打击蔑视和积极赞美两种相反的评价。此后，分别测量他们对不同物品的消费意愿，一种是奢侈品，另一种是普通商品。

结果显示，比起被赞美的被试者，得到消极评价的个体更愿意进行炫耀性消费，即购买象征地位的奢侈商品。而且在后续一系列实验中，两位作者进一步证实，收入并不高且自尊较低的个体，为了挽回自尊更容易购买代表身份的豪车与名包等。这就证实了获得自尊的动机，实际上是炫耀性消费或者炫富的一种心理性内部机制。

认为自己足够有力量的个体，并不会执着于此。例如拉克和加林斯基在 2010 年的一项研究发现，对地位高（或者自我感知权力高）的人，一定要强调产品的品质，而不一定要强调产品代表的身份；相反，对地位低（或者自我感知权力低）的人，则要充分强调产品象征的地位。也就是说，个体的购买意愿与其身份地位及自我感知权力高低显著相关，因此对不同地位的个体要采取不同的营销策略。

有同学要举手提问了："老师，你的意思是不是炫富的人其实并不是真的有钱。"请不要误会，我并不是这个意思。炫富的人未必不是真富，他们可能真的非常有钱，例如上文中那位富可敌国的斗富者石崇。

可以肯定的是，他们无法通过自我认可来获得内在的满足感，因此需要通过宣示威势和力量，从他人的反馈和评价中来获得积极情绪。

石崇是家中第六子，据说他父亲分家产的时候偏不分给他，号称自己夜观星象，发现石崇日后必成巨富，不需祖产。这极有可能是后人为了增加宿命色彩而附会的。不过石崇在家中不受重视，因此养成自卑又自负的性格倒是有一定的可能性。

所以，愿意炫富的往往是自尊感较低的人，他们在突然获得了超出预期的财富后，迫切希望通过昭告天下的方式来树立自己的高大形象和权威地位。

因为了解炫富背后的心理机制，所以我对炫富行为本身会更为理解，一方面，炫富是获得积极情绪的一种方式和手段，有益身心健康。但另一方面，我不认为反感炫富行为的人是出于缺钱和嫉妒，因为这种行为确实不符合社会常理，被排斥和不接受也是意料之中的。

心理学上认为，凡是不影响自己和他人生活的行为，都是正常的行为。只要炫耀的财富不是不义之财，只要炫耀性消费没有影响自己和他人的正常生活，那就无须对此评头论足。还是那句话，我们了解自己行为背后的动机，不是为了批判自己，而是为了更好地了解自己的内心，了解并掌控自己的需求，做自己欲望的主人。

"凡尔赛"体

既然说到了炫富，就不得不提到曾经上过热搜的"凡尔赛"体。

"凡尔赛"的核心精神就是用最低调的话语进行最高调的自夸，明贬暗褒，以冷漠、凄清又惆怅的口吻，在不经意间流露出自己优越的生活状态，表达出一种"漫不经心最愉快，笑骂由人不表态"的思想境界。

这个现象正好对应心理学上的一个名词——谦虚自夸，即同时包含着抱怨、自谦和自夸的一种炫耀方式。举两个例子：

- "我家的珠宝首饰多得没法收拾，满屋子都是！那叫一个乱啊！"
- "这次度假我很纠结去不去巴黎。去吧，那么远；不去呢，巴黎也还行。"

调查显示，在谦虚自夸的例子中，58.9% 以"抱怨"为基调，41.1% 则是以"自谦"为基调。

那么，这种频频使用谦虚自夸技能的"凡学"大师，其心态是什么呢？大概是：我想炫耀成就来获得别人的关注。毕竟，如果没人分享，再多的成就都不圆满，但他们又不想因为嘚瑟被讨厌、被嫉妒，那就收敛一点儿好了。

调查显示，这种谦虚或诉苦的炫耀方式比直接炫耀更讨人厌。

不过我个人倒是觉得，如果是我的长辈亲朋炫耀一下那也没什么，不管是谦虚地吹嘘还是骄傲地吹嘘，毕竟这都是人类获得积极情绪体验的一种重要表现形式，有益身心健康。只要没有被冒犯，也不必一针见血地反击回去，顺着他们的意思哄一哄，让对方开心一下也蛮好。

哭穷者的心路历程

炫富往往是由于自尊较低，无法通过自我认可来获得内在满足感，需要从他人的反馈中获得积极情绪。

那么炫富的"表亲"——哭穷，背后又是什么心理机制呢？

不同于炫富派展现财力的统一诉求，哭穷派的表现比较多样化。有的是抠门，刻意隐瞒实力，生怕露富被人借钱；有的是故作谦虚地炫耀，嘴上说穷，其实是在炫耀财力。

我想探讨一下随着社会经济发展而出现的新型哭穷模式——"比废者联盟"。

不知道大家有没有同感，身边很多人，按照国家贫困线标准来划分，绝对算不上穷，甚至可以说是小康有余。他们平时为人并不抠门，请客花钱从不含糊，但就是喜欢习惯性哭穷，喜欢相互攀比谁更"废柴"。不知从何时开始，哭穷成了小康乃至中产人群的新常态，一天不哭穷就好像今日没有"三省吾身"、没有自觉性。

追赶落下的时代

炫富的人总还是想保留一点矜持和含蓄，要多花一点心思，在不经意间露出价格的标签。哭穷则简单粗暴多了，一般都是直抒胸臆，比如鹿老师和她的姐妹就经常互相对坐着喊"啊，我好穷啊""唉，我也好穷啊"。

我忍不住采访了一下她们哭穷的心路历程：

· 因为我想追赶落下的时代，出生晚了，房价涨了。夸父追日，怎么也追不到自己想要的生活。

· 没钱的感觉就是，我好像站在花花世界的中心，但我周围是一片荒野，我只能站在那里，永远站在那里，什么也干不了。

· 感觉自己穷，可能因为我有太多的求而不得。理想与现实永远有差距，一个小目标实现之后，又会冒出一个新的小目标。

· 我已经不年轻了，可是我还没有恣意地活过。每天一睁眼就是房贷、车贷、孩子的补习费……我和疲于捕猎的穴居人没有什么区别，这不是活着，只是不断地觅食。

· 如果仅从活着的角度来说，我已经活得很不错了，但仅仅是活着而已。我想探究生命的外延，但外延的半径是用钱画出来的。

我对以上灵魂感悟进行了归纳和总结，发现这其实就是人民日益增长的对美好生活的向往和自身无法达到目标之间的矛盾。

令人欲罢不能的"比废"大战

改革开放初期的中国，处处是机会，一夜暴富的都市传说是每个 80 后、90 后童年时期的睡前故事。

如今经济飞速增长的时代已经一去不复返，社会发展进入了相对平稳的阶段。尽管一夜暴富变得越来越困难了，但可怕的是，别人家的故事从来不绝于耳。老同学好像一个个都出息了，当年的学霸进了华尔街，当年的班花嫁了企业接班人，当年的学渣在朋友圈里卖大闸蟹且生意红红火火，当年不起眼的路人甲自媒体粉丝量几百万，当年的"二代"们也继承了祖业并阐释着"比你命好的人还比你努力"……

每个人似乎都在不进则退，每天都处于"想超越他人或害怕被别人超越"的巨大精神压力之下。于是焦虑，于是恐慌。可是挣扎过后，成为社会赚钱主力的一代发现，实现阶层跨越的难度变大了，上升通道变窄了，想要的东西变多了，但抗击风险的能力依然很低。虽然衣食无忧，但与理想的预期差距甚远，用尽全力也只能维持看似体面、实则脆弱的现状，并没有什么质的改观。"心穷"才是哭穷的真实心理状态。

大浪淘沙，每个人都曾以为自己是真金，最后才醒悟自己只是泡沫，随着风浪消散在人海中。所以与自己和解吧！用主动自我污名化的方式——承认自己是个废物，是个失败者，不是命运的宠儿，不是天选之人，不是注定会先富起来的那一批人，接受自己的无能和无助，接受自己的颓废，把对自己的不满和失望直接表达出来——只要先自我贬低，就没有人能再伤害我了。

努力了不一定能成功，但不努力一定会很轻松，不是吗？相比努力后的失败，一边自嘲一边丧气地活着，反而没有那么令人绝望。如果哭穷的时候找到了组织，一起哀号完了还能感到些许安慰和治愈，更会让人找到身份上的认同感——"原来我不是唯一的'废柴'！"

说出口的糟糕，就没那么糟糕了

斯坦福大学教授詹姆斯·格罗斯研究过情绪表达和心理健康，乃至和生理健康的关系。在他的情绪调节模型中，表达抑制被定义为不健康的情绪表达方式；相对地，把情绪表达出来（即便是负性情绪，如焦虑），反而会获得更好的结果。

在一个实验中，他要求被试观看一段让人感到不舒服的影片（如截肢），并将被试分为两组：一组抑制自己的情绪表达，一组自由表达自己的情绪，然后对他们进行了多种生理指标的测量（皮肤电反应指标越高，代表情绪越强烈）。实验结果显示，虽然两组人员号称自己的情绪感受差不多，但事实上，情绪表达组的生理指标明显更好。

我和鹿老师曾经做过一个略微有点缺心眼的小实验。

一个下雪天，我们脱去外套在雪地里走来走去，我们先是大喊"好冷啊，好冷啊"，然后我问她"感觉好点没？"，她说"似乎好了那么一点点"，我说"我也是"。

之后我们继续穿着单衣，在雪地里边走边喊"好热呀，好热呀"，我又问她"现在感觉怎么样？"，她说"这回感觉真的更冷了！"，我说"我也是"。

后来我也看到有科学家做过类似的实验，他们认为个体在感到疼痛"喊疼"时，相关肌肉的运动就会对疼痛感的传达产生干扰，从而增加人的耐痛力。

所以，哭穷的做法，就是将自己对财富达不到预期的焦虑喊出来，这也是一种情绪调节策略。当人把糟糕的感受喊出来之后，感受就没有那么糟糕了。

炫富者急于将自己的成绩公之于世界，求点赞；哭穷者则是举白旗向世界投降，求放过。

炫富与哭穷乍看背道而驰，但其实二者常常是相辅相成的，它们都是内心不安的产物，需要通过喊出来的方式让自己好受点。如果炫富现象算是"鸡汤文化"的一个派别，那么哭穷现象则可以归类为"丧文化"①下的一个分支。过度的"丧"令人丧失斗志以及对生活的热情，但适度的"丧"反而有利于情绪调节。它让人试着接受眼前的现实，从"心穷"的焦虑中暂时解脱出来，喘口气歇一歇，不再承受苦求不得的煎熬。从这点来看，我们也不必把"哭穷党"视为堕落的一代。

毕竟大部分人"丧"完后，还得爬起来继续奔跑。

---

① 丧文化：是指青年群体当中带有颓废、绝望、悲观等情绪色彩的语言、文字或图画，它是青年亚文化的一种新形式。——编者注

非买不可的衣服，到手后就不"香"了

鹿老师一直是个特别喜欢扔东西的人，这种行为现在有个高大上的名词叫作"断舍离"。

看着一包一包的旧物被清理掉，她表示神清气爽的同时也提出了一个灵魂拷问："为什么我们总是会买很多没用的东西？"

"那我来采访一下你，是什么样的初心驱使你买了这些东西呢？"

"因为购物的快乐，总是在银货两讫的那一刻就达到了巅峰，真的开始使用之后，好像也不过如此。"

"那你是怎么走着走着就忘记了初心的呢？"

"比如有些口红，擦在女神的嘴上就是摄魂夺魄，让我忍不住想要拥有同款，可是擦在自己嘴上之后，我还是原来的我；又比如有些衣服，刚买回来的时候是觉得很美，可是穿过几次之后就觉得腻了，不想再穿了；再比如有些包，看中它的时候觉得这是我一定要拥有的'梦中情包'，但真的买回来之后，我觉得它和别的包一样没什么特别的，不会再给我带来那种渴望感，甚至装东西还不如帆布袋方便……"

这些其实在心理学上都可以解释。

快乐其实是大脑想象出来的

来自神经科学的研究表明，购物时多巴胺的分泌是在准备购买前逐渐累加的，到执行支付行为的那一刻达到顶峰，购物完成后多巴胺的分泌便一路下降，直至降到一个较为平稳的低点。埃默里大学的神经经济学和行为心理学家格雷戈里·伯恩斯在一篇消费行为学报道中曾说过："看到一双新鞋可以促使一个人大量分泌多巴胺，从而刺激她的购买欲望，而在购买行为完成后，多巴胺的浓度就会下降。"

有一个比较可靠的解释是，购物前的快乐其实来自大脑的想象。比如你在田园牧歌中看到农家女摇着竹扇、品着荷花茶，会觉得自己也想摇扇品茗，成为隐世高人；你看到某件大衣穿在某个明星身上，就会想象如果它穿在自己身上，也会这样走路带风、霸气侧漏；看到某海报中优雅慵懒的法国女郎戴着草帽和墨镜，你会想象自己戴上后也可以拥有同样的气质和惬意……

人当然都是向往美好的，同款的美好生活、同款的优雅气质很难实现，但是同款的物品则相对容易拥有，有时候我们会不自觉地把"那件物品"变成一个标志和象征，用想象的方式催眠自己——拥有同款商品就能拥有同款生活方式，很多广告、营销策略，如明星同款就是抓住了这种心理。

所以，购物前直至付款那一刻的快乐，很多时候只是自己想象出来的，而真正开始使用之后会发现自己的人生还是原来的样子，这种快乐会随着现实的提醒而逐渐消失。

消费品的附加价值会递减

"橱窗里那件非买不可的衣服，买回来穿过之后也不过如此。"这是消费品自身的一个特性——它们的边际效用是递减的。

简单来说，最初某个新异刺激（如买了一条新裙子、吃了一餐好饭）使人的神经兴奋，有了很高的满足感，即产生了效用，但随着同样的刺激反复进行（反复使用同一件商品，比如同一件衣服穿了很多次；或是连续消费同一种物品，比如不断去同一家餐厅消费），我们的神经兴奋程度就会不断下降，这就是所谓的边际效用递减。

那么边际效用为何会递减呢？因为大多数消费品并不具备附加价值。就像大家常说的，美丽的衣服会看腻，好看的家具会审美疲劳，这是因为它们本身并不具备特别的附加价值。

为啥我对 Switch（任天堂第九代游戏机）不会腻？因为我可以用它装载各种不同的、不断更新换代的游戏。为什么你对爱看的书不会腻？因为每次阅读都会产生新的感悟。这些事物，它们具备的附加价值是一直在增加的，所以就不容易变成"没用"的东西。

鹿老师举手说："我知道了，很多时尚博主教穿搭、教旧物改造、教你如何'叫醒沉睡的衣橱'，其实也是通过一些小变化来增加这类单品的'附加价值'。"

没错，就是这样。

得不到的永远在骚动

一定要拥有的"梦中情包"，买到手之后觉得还不如帆布袋好用。这就涉及人类一个非常可恶的特性了——得不到的永远在骚动。这是因为我们的评价体系会随时间改变，也会随着状态的变化而变化。简单来说，在得到某件物品之前，我们的注意力会聚焦在它积极的一面上，会思考没有了它将会有哪些坏处，有了它将会发挥哪些作用。而当我们拥有它之后，注意力会逐渐集中到它的缺点上，慢慢地开始挑刺儿，觉得它也有这样那样不如其他同类产品的地方。比如"梦中情包"，拥有它之前你会爱慕它的美丽和高贵，买到手之后又会嫌它不如帆布袋结实和容量大。

很多时候，人对人也是这样。

摆脱消费心理的陷阱

不摆脱，接纳它

这种消费心理是一个陷阱，但同时也是人之常情。不断购物，又不断扔东西的不是你一个人，只要消费没有超出自己的负担能力，其实没有必要因此自责。

购物本来就是情绪调节的一种策略。当你有压力的时候，它能够让你的注意力从压力事件中转移出来，将你从不确定的烦躁中拖出来，集中在当下这个"拥有"的瞬间。对某些人来说，断舍离也是一种情绪调节的手段，先购物，再扔掉不必要的物品，这样就获得了双倍的快乐。

所以，接纳正常范围内的买买买和扔扔扔本来就是人生的常态，没有什么需要改变的，唯一需要改变的就是努力赚钱，让自己的能力匹配得上自己的欲望。

明白大脑想象出的快乐，能够更理性地购物

鹿老师有一次对我说："我好想买云朵包。"

我问她："你问问自己为什么想买，只要想明白了就买。"

过了一晚上她告诉我："因为我看到一个超模拿着云朵包，又美又酷。我想象自己用了也会变成那样，但今天突然意识到，我可能并不是觉得这个包美，而是觉得超模美……我就算花很多钱买了这个包，我还是我，不会变成超模……"

我欣慰地笑了。

购买经典款式

我所说的接纳购物狂和断舍离的消费模式，其实主要是针对一些比较便宜的物品，扔了买新的就行，对生活不会造成太大影响。但如果是一些昂贵的消费品，要扔掉它可能就没那么容易了。

如果是缺乏附加价值的消费品，但价格又相对较贵，并不容易更新换代。这种情境下，建议最好购买经典款式，即被大众眼光验证了品质好、不易过时、不易审美疲劳的产品。而一些当下看起来很美的潮牌，一两年后可能就过时了，这类物品就不值得花太多钱去购买。

断舍离是有必要的

断舍离看起来是在浪费，其实它是一个厘清自己需要什么、不需要什么的过程。

没有扔掉旧物时痛彻心扉的痛，就不会明白"这件物品我是真的不需要"。如果不明白自己不需要什么，就容易购买无意义且用不到的东西。多扔几次，无意义消费就会大幅减少，不容易再冲动消费与跟风消费，从而在自己的审美范围与经济能力范围内，选择真正喜欢的东西。

断舍离的心理学真相

　　我和鹿老师在生活习惯上有一个小冲突：我喜欢保留暂时用不上的闲置物品，而她喜欢定期清理旧物。

　　我会把曾经拥有过的东西都保留着，把家里塞得满满的，一想到要扔掉它们就会心疼甚至恐慌："万一以后还能用得上呢！"而她则会定期扔掉家里的旧物及闲置物品，并表示："我一看到家里堆满了东西就无比焦虑和烦躁，我喜欢家里空旷而整洁，不能容忍杂物出现在我眼前。"

　　生活在同一个屋檐下，人和人的差别怎么就这么大呢？为什么有的人喜欢断舍离，而有的人又有囤积癖呢？

囤积癖

　　从进化的角度来看，几乎所有动物都有囤积的习惯。尤其是在觅食困难的环境（如沙漠地区）或是某些时间段（如冬季），囤积是非常重要的求生手段。

人类也不例外，尤其是在过去储存条件有限的情况下，我们会有冬天腌咸菜、腌萝卜干、灌香肠、风干鸡鸭的习惯，所以才会有"手中有粮，心里不慌"的老话。囤积物品，让我们产生安全感、满足感和富庶感，帮助我们对抗物资不足的担忧和焦虑。

但话又说回来，很多人并不是单纯囤粮食等生活必需品，而是几乎什么都囤，甚至囤一些常人看来是垃圾的东西——

- 坏掉的家具部件、废旧工具零件、废弃金属、废弃电器部件等；
- 购物袋、瓶瓶罐罐、纸盒纸箱等；
- 用完的笔、旧说明书、旧报纸杂志、旧硬盘等；
- 旧衣服、不新鲜的食物等。

一个人或多或少都会有囤积倾向，但是如果达到了一种非必需的、超出合理范围的，甚至是有点极端的程度，就可以算是一种心理疾病了。

根据美国《精神疾病诊断与统计手册》的标准，这些行为可能是一种心理障碍，学名叫作强迫性囤积。这种囤积癖好往往和不合理的焦虑有关："万一这个东西有用呢！""如果扔掉了，可能会有不好的事情发生。"

虽然在常人看来，这些东西不会再起作用，或者需要用的时候再买就可以了，但在囤积癖者眼中，舍弃这些物品是非常令人身心不安的事情，总觉得"扔了就会用到""用到的时候就很难再买到"。

这种极端的囤物癖，也有可能和脑损伤有关。有神经心理学家发现，这种病态的收集癖是有其脑机制的，例如 2005 年在《大脑》杂志上发表的一篇文章就指出，一些病人在前额叶受损后会出现囤物的情况，他们损伤的部位主要是内侧和下侧前额叶。

有人可能会问了，这么说来，我的囤货强迫症是病，那需要治疗吗？从心理学的角度来看，某种行为只要没有对自己、对他人、对社会造成不好的影响，那就不用治疗。在很多有囤积习惯的人（比如我）看来，囤货是一件自得其乐的事情，何必要改呢?

断舍离

与囤积癖相对立的，是断舍离式的极简主义生活方式。极简主义的定义很广，其开端来自艺术设计和美学，后来慢慢拓展到了生活方式上，变成了一种生活哲学和价值观。这种生活方式的兴起也和 19 世纪经济发展导致的物质主义有关。为了对抗物质主义带来的崇尚奢靡、物欲至上等种种弊端，提倡环保、简约、回归本质的极简主义又兴起了。

《瓦尔登湖》这部作品就很好地反映了极简主义的一些思想：

- 生活简化（生活必需品而非标签化的奢侈品）；
- 衣着简化（满足保温、蔽体的本质需求）；
- 心理需求简化（关注自己的内心需求，而非面子）。

研究发现，这种给生活做减法的简化生活方式，对人的身心健康是大有裨益的。我们这里主要谈的是极简主义的一种表现形式，即以"扔扔扔"为典型行为特点的断舍离。

断舍离之所以对身心健康有益处，能提升生活满意度，主要可能来自它对三个心理需求的满足。

减轻认知负担

断舍离看起来是在扔东西，是浪费，但其实是在整合。

如果家里东西堆得太多，好的坏的、新的旧的、有用的没用的都混在一起，很多时候有用的东西被一堆杂物淹没了，又会浪费钱再去买新的，导致家里相同的东西重复出现，例如，同样的牛仔裤、同样的保温杯、同样的护肤品等。

而且家里东西多了，不仅在无形中增加花费，还会占用认知资源，因为你需要花费很多时间和精力去整理、收纳、分辨、回忆和查找。

当家里物品少了，经常使用的东西就放在几个固定的地方，取用的时候往往一目了然，那么整理和查找这类事务对大脑的库存占用就会很少。

厘清内心真实的需求

对物质的舍弃会让人更接近真实的内心，看清人、事、物的本质。事实上，我们真正需要的物品并不多，拥有物品和获得幸福之间并没有那么紧密的联系。多扔几次，再遇到说得天花乱坠的商家宣传，再想冲动消费或者跟风消费的时候，就容易冷静下来，理智地选择那些自己真正喜欢与需要的东西。

鹿老师说："我曾致力于将你打造成一个时尚型男，但是，把那些你不爱穿的、不适合穿的、闲置许久的衣服、裤子、鞋子统统扔了后，我明白了，你是真的不愿意当型男！真的不需要那些花里胡哨的衣服。而我对你的认可和欣赏，也并不来自你的穿搭有多么时尚。"

后来，她就不再给我买那些价格昂贵、华而不实的服装了，只要舒服、得体即可，在我的衣着上将简化做到极致，让衣物回归到"满足保温和蔽体需求"的本源上。

其实不光物品如此，审视一下生活，也是如此。无意义的社交、可有可无的投入、虽然不是理想选择但"也许有用"的各种证书，舍弃掉这些并不真正需要的欲望，反而更能关照自己真实的需求。

把精力用在值得的事情上

当断舍离到一定程度，你会发现，不仅家里变得更整洁了，生活也会变得更轻松和更方便。

- 把地面上的地毯等杂物和装饰物清理之后，扫地机器人就变得非常适用（一览无余的地面上，扫地机器人不会被障碍物卡住）；
- 把柜子里的各种旅游纪念品、小装饰、毛绒玩具扔掉之后，就省去了很多收纳和擦灰的工作；
- 包包变少之后，就不会把时间用在各种翻包、思索寻找"我的钥匙和证件在哪个包里"的事情上；
- 衣服只留下趋近同色系、同材质的，这样就免去了搭配、分开洗，甚至送去干洗的烦恼。

只留下当下用得上的、喜欢的东西，所有旧了、脏了、坏了、过期了、闲置的、不再喜欢的全部处理掉；将书籍之类的都变成电子版，也可以减少家中的收纳需要；功能雷同或相似的物品只留一件，比如一块香皂可以同时用于洗脸、洗手、洗澡等；囤货只囤保质期长的日耗品，如纸巾、垃圾袋等。这样一来，家里空间变大了，家务负担变轻了，出门时间变短了，空闲时间变多了，我们就可以将多出来的空间和时间用在更值得做、更能让自己感到快乐的事情上，比如看书学习、养鱼种花，和伴侣、朋友交流，亲子陪伴，等等。

另外，澳大利亚乐卓博大学的赖特等人的研究也发现，极简主义的生活方式可以给人带来如下方面的提升。

· 自主性的提升：这是最重要的一个好处，极简的生活让你感到生活更加处于有条不紊的掌控之中，从而体验到更加强烈的自主感。

· 能力的提升：一方面，极简的生活其实对于自律、自控的要求很高，也是对自己能力的一种肯定；另一方面，极简状态下的认知负担减小了，对提升自我效能感也有帮助。

· 人际连接性的提升：有更多时间去和生命中重要的"人"连接在一起，而不是和生活中的"物"较劲。

不过大家也要注意，这种极简主义有一个限定语——主动。只有主动进行的断舍离才能带来这样的好处，被动的断舍离则不一定。就如同自我决定论的要求一样，这种行为必须有一种主动性，如果逼着一个囤积癖去断舍离，他感到的可能是加倍的焦虑。

贫穷会限制人的认知能力

贫穷令人困于生计，进而陷于琐事，琐事占用大量认知资源，最终令人无力思考，无力跳出困局，落入宿命般的贫穷轮回。

有时我会思考：为什么某位富二代动不动就投资这个企业、捧红那个女团，还有余力玩转自媒体，简直日理万机，而我做完了一天的功课，就只想放纵休息，否则身心疲惫。

答案很简单：都是穷闹的。

时任英国华威大学经济系副教授的阿南迪·曼尼和他的同事发现，贫困能够妨碍人的认知功能。当然，请不要断章取义地将"穷"和"笨"画等号，中肯的说法应该是，当人受到太多物质因素困扰时，认知资源会被大量占用，导致人的处理能力和思维能力不足。

众所周知，武大郎很穷，以至老婆出轨，郓哥撺掇他去捉奸，他竟然挑上担子接着卖炊饼去了！婚姻面临瓦解时，他首先盘算的还是赚钱，因为这关乎生存。当一个人的主要精力都要用来解决温饱问题，是没有多余的认知资源配置到生存以外的事情上的。

我曾经看过香港的一档真人秀节目，它或许能更直观地佐证曼尼的实验。

节目组请来一群有钱人，有品牌创始人、集团高层、哈佛精英、选美小姐、豪门阔太、财阀二世……他们深入群众从事廉价劳动，如洗碗工、送奶工、保洁员等，旨在看看身处贫穷中的富人能不能勤劳致富，或是依靠什么智慧或策略来翻身，改变命运。

一开始他们雄心勃勃。然而几个星期过去了，他们思维停滞、筋疲力尽、斗志尽失……除了日复一日的生计，根本无力思考其他，更别提改变命运了。长时间、大批量的机械劳动蚕食着他们的思考能力，将他们困在贫穷的泥淖里，让他们失去希望、失去表达能力，不知今夕是何夕。

"我像齿轮在转，看不到任何方向，看不到任何前途。"

"最重要的是解决下一餐，怎么有精力去计划将来？"

这些百万富翁如此说。

真人秀结束之后，他们中的很多人投身到了扶贫救困的公益工作中去了。

再回到曼尼的两个实验，我们简单叙述如下：

第一个实验是找两组人进行"修车与考试"的活动。

第一组找来两个穷人，一个修车花费 150 元，一个修车则花了 1500 元。这时曼尼说："小伙子，咱们来做个认知测试吧！"结果只花了 150 元的被试比花了 1500 元的被试测试出来的成绩好。

第二组同样是这个实验，但被试者换成了两个富人，他们也是分别花了 150 元和 1500 元修车，但最后的测试成绩却没有显著差异。

为什么会有这样的差异呢？简单来说，穷人组里，花钱多的人一直心疼那 1500 元，没心思好好考试，最终败下阵来；富人组的两位被试者觉得不管花 150 元还是 1500 元都不叫事儿，所以不影响测试成绩。

有人也许会反驳："花费了 1500 元的穷人可能原本就笨呢？"

曼尼也认为有这个可能。于是为了让测试结果更具说服力，他对同一个人在没钱状态和有钱状态下的认知能力进行了测试。理想状态下的被试，最好是白手起家、先贫后富的人。

由于经费有限，他们最后邀请了一群农民，测试了他们在庄稼收成前和收成后的认知水平。结果发现，人逢喜事精神爽，农民在作物成熟后的认知成绩明显好于作物成熟前。

这就是曼尼发表在《科学》期刊上的著名田野调查。

那么问题来了，为什么贫穷状态会造成认知能力的差异呢？曼尼提出了几个原因。

第一，注意资源不足。如果一个人的注意力都放在如何养家糊口等经济问题上了，哪有工夫去考虑宇宙洪荒与人生奥义。比如，认知测验提出的问题就不在他们的考虑范围内。

第二，压力。处在压力下的个体，可能会出现各种不适感，也会影响其认知资源的调动。

有人也许会反驳，历史长河中不乏"穷且益坚"者，在人生的困难面前各种通关，这又如何解释呢？

我认为，他们之所以能够永载史册，就是因为万中无一。我并不是说某个人或某些人做不到这一点，科学是采取大样本数据进行实证的，其反馈的是普遍情况。

贫困问题在很大程度上需要社会福利制度去解决，就比如那个香港的真人秀节目里揭示的底层生活，单靠个人奋斗是很难扭转乾坤的，因此扶贫济困才如此重要。我们国家精准扶贫的政策，目的或许就在于此。

不过也不要灰心，因为我们大多数人并没有穷到需要政府和社会帮助的程度。再次强调，曼尼实验的结论并不是说贫穷等于愚笨，在未面临物质困扰的情况下，两个穷人的认知水平也是一样的。所以，曼尼的这个实验给我们的启示更多在于：如果我们想获得更好发展，最好抛开眼前的琐碎。若能抛开物质的牵绊，大脑就能腾出空间去思考更重要的事了。

能一直宅在家，但不能被限制在家

你有没有这样一种感觉：本来你拿出书想要学习一会儿，可是妈妈突然推门进来命令你赶紧看书，你突然就不想看了。

这种叛逆心理，在新冠肺炎疫情期间体现得淋漓尽致。

我和鹿老师都很懒很宅，不爱出门，倒个垃圾也能互相推诿；快递包裹可能在自提柜里滞留好几天，取件提醒信息收到好几个，也没人处理。孩子暑假不在身边的时候，我们两个可以窝在沙发上，一个星期都不出门。

但是新冠肺炎疫情发生的这几年，情况就不同了，有一阵子我家发生了一个奇妙的现象：一个快递电话来了，个个都争着出门取件；出门倒垃圾也变勤快了，以至家里垃圾的产生速度都跟不上倒垃圾的速度了……那么问题来了，这么宅的一家人，在可以名正言顺地"宅"着的日子里，怎么倒异常勤快起来，一个个急切地想要拥抱大自然、拥抱户外了呢？

这样的行为首先可以使用德西和瑞安提出的自我决定理论来解释。自我决定理论认为，每个人本质上是有主观能动性的，即有"自我发展"和"自我实现"的内部动机，而且这样的动机对每个人都很重要。

主动选择与被动选择的体验完全不同

自我决定理论认为，人有三种基本的心理需求——自主需求、胜任需求（也被称为能力需求）和归属需求。自主需求是人类最基本、最重要的心理需求，也就是说，我们需要对自己的行为有选择权和决定权。如果做一件事情不是出于自愿，而是迫于外界压力不得不做，我们就会缺乏内在动机，很难从中获得快乐。

本篇文章开始的那个场景，很多人一定经历过，学习的想法被妈妈一声呵斥彻底击碎。这就是因为，如果我们相信自己是有选择的，就会获得控制感、掌控感，而不会产生无助感、被迫感，从而获得主观能动性。相反，如果一个人别无选择，那么他就会失去行动力和主观能动性，变得消极和被动。人们会本能地对不得不做的事情产生反感和抵触情绪，就是因为完全失去了对局面的掌控和主导。

回到"宅"的话题上，"我喜欢宅在家里"满足的是我的自主性需要，因为这种情况下的外部环境是"只要我想出去，我就能出去"，所以宅在家里是我自主自愿的选择。

而新冠肺炎疫情期间居家隔离的情况是"就算想出去，我也出不去"，当外部选择被取消后，原有的平衡就被打破。此时的"宅"不再是自主选择，而是不得不做的事情，无法满足个体的自主需求。因此，在此期间宅在家的理由完全是由外部环境决定的，从"我要宅"变成了"要我宅"，个体的体验与感受是完全不一样的。

自我决定论对教育者和家长的启示

说到底，个体动机非常重要。这也给教育者和家长提供了一些启示。

例如，孩子本来学习兴致挺高的，但是父母坐在他面前面色凝重地监视他，他就会产生厌恶和抵触情绪。如果家长想让孩子主动去做某件事，需要做的不是跟在他后面唠叨和监督，而是设法找出在这件事中孩子的动机。

我记得某位明星讲过他小时候的一件事：他上学时经常迟到，老师批评说教了很多次也改不了。有一位老师没有骂也没有说，只字不提迟到的事，只交给了他一项任务——每天早上帮忙给班级窗台上的小花浇水。他觉得这是一件重要又光荣的任务，为了不耽误浇花，他每天都起得很早。长大后他才意识到：从被安排浇花任务之后，他再也没有迟到过。

我也有过这样的经历。我家孩子和我一样非常宅，不爱出门。为了让他多接触户外，我们给他买了一只宠物龟，并且将遛乌龟的任务交给他。后来他每天到点儿就会主动提醒我们："该出去遛乌龟了。"

所以，从自我决定论的角度来说，动机的培养应该多偏重内部动机的培养，让孩子去做自己真正感兴趣的事情，而不是通过施加外部动机来控制他们的行为，最好是把"要我学"变为"我要学"。

社会隔绝，令人格外渴望社交

隔离之所以让人难以接受，还和社会连接性的缺乏或者社会隔绝有关。社会隔绝在心理学测量中主要使用的几个指标有：是否独居，是否与家人朋友缺乏联系，是否参与各种社会活动，等等。很多研究发现，社会连接性的缺失可能带来严重的生理和心理问题，包括健康水平的下降、抑郁、焦虑等问题的产生。

对大部分人来说，长期的社会隔绝会让人对社交产生格外的渴望。例如，疫情期间"火锅""奶茶"这样的词汇多次上过热搜。大家对它们如此渴望，就是因为吃火锅、喝奶茶往往伴随着社交行为，比如朋友聚餐、闺蜜下午茶。而"我要在隔离解除之后买一双鞋垫"这样的话题很难上热搜，因为鞋垫穿在鞋里别人也看不见，要买的话也只可能是生活需求，而非社交需求。

社会隔绝之所以会导致抑郁、焦虑、健康水平下滑的后果，可能在于社会连接会促使一个人更加愿意对自己的行为进行正面调节。例如，一个人如果要出门社交，可能就会注意仪容打扮，注意体重控制，注意吸收新知识以便交流，等等；如果不需要社交，就没有这方面的动机了。

当然，如果一个人独居、没朋友、不参与社会活动，但是他很自律，每天回到家里洗衣做饭、打扫卫生、健身读书、早睡早起，那么他的身心健康程度可能是很高的。但是我们这里说的是大样本统计，并不是说某个人或者某群人在社交隔绝的情况下不能好好生活，而是说大部分人在缺乏他人目光的监督时，容易失去生活状态的平衡。

说到这里，可能有同学会问，我和朋友也可以通过网络连接啊，为什么还是需要出门社交呢？其实这也是在关于社会连接性的研究中颇有争议的一个问题，即互联网是增加了我们的社会连接性还是降低了我们的社会连接性。2016 年，一篇关于青少年的网络使用和社会连接性的综述发现，一方面，网络的出现和使用确实可以在一定程度上提高青少年和朋友的社会连接性，但另一方面，网络却降低了他们和家人的连接性。这篇综述更重要的一个发现是，互联网的出现对于青少年的影响，并没有出现预期中的"由于增加社会连接性而降低了孤独感、焦虑或是抑郁"的效应。因此这也提示我们，网络虽好，但现实世界更重要。说到这里，我们得到的一点实际启发就是，大家千万不要沉迷于网络世界，多接触现实社会，培养自己的社交技能，才能获得自己需要的社会连接性。

事与愿违: 越想做好越做不好

"为什么我越想做好某件事，它就越往坏的方向发展？"很多事情，你越是往好的方向去预期，越关注它，结果就越容易事与愿违。当你在心里自我暗示"我并没有在关注它"，反而会有一个不错的结果。

再比如，有学生告诉我，他高考结束之后分数出来之前，从来不敢憧憬和幻想自己考上心仪的好大学是什么光景，生怕自己想多了，反而不会实现了。

这种心理如此普遍，对此好奇的朋友希望我能解答其中的原因。恰巧，心理学刚好可以解释。

悲观者的情绪记忆

根据一个人的归因风格，人格心理学将人分为乐观主义者和悲观主义者。

乐观主义者总是能使用积极的情绪策略和归因策略，甚至只关注并放大事物中的积极因素，而忽视消极因素。他们会将最大化的正面因素作为自己行为和决定的衡量标准（只要这件事情有好处，那就去做），而看不到事物坏的一面（"我觉得这些坏事情不会发生在我身上"）。

而悲观主义者正好相反，他们只能看到并放大事情的消极面，忽略其中的积极因素，因此会将最大化的负面因素作为自己逃避某个行为或决定的衡量标准（只要这件事情有坏处，那就不做。他们会无限放大这个坏处，觉得这个坏处会带来灾难性的后果），而看不到事情好的一面（"我觉得这种好运轮不到我"）。

同时，悲观主义者还有一个典型特征，就是他们非常擅长调动消极的情绪记忆，自动忽略积极的情绪记忆。就拿观看奥运会来说，一个悲观主义者会自动过滤那些赢得比赛的记忆，记住那些输掉比赛的记忆，因此形成"只要我看过的比赛就一定会输"的执念。

非常典型的案例就发生在我家：我和鹿老师看的明明是一样的比赛，但她总觉得自己一看比赛就会输，而我这样的乐观派就觉得自己看的比赛中，运动员一直在夺冠。

同理，一个悲观主义者在工作期间"摸鱼"[①]，就会产生"只要我一偷懒，就会被老板发现"这样的"倒霉蛋思维"。而一个乐观主义者在"摸鱼"的时候，总是理直气壮，觉得"老板不会发现我的"。

回到本文开头的情境中，悲观的高考考生会自我暗示"我不能想好事，我不该做美梦，想了就不灵了"，而乐观的考生则会认为"我会成功的，提前憧憬一下有何不可"。

确认偏差

确认偏差也叫作"自我求证"。这种心理主要表现为以确认个人预设的假设为前提进行的信息搜索、解释、关注以及记忆的一种趋势。

假设某社会新闻中网友坚信某人是犯罪嫌疑人，他们总能找到种种蛛丝马迹来佐证他们的猜测。就算最后警方通告解除了这个人的犯罪嫌疑，大部分人也不会相信，反而去寻求更多的证据来证实自己的想法，或者认为"警方侦查能力有限"，或者因此产生各种阴谋论。这就是这类人用来确认自己的预设正确的"证据"。

---

① 摸鱼：网络流行语，多指上班族在上班时间偷懒、不认真工作的行为。——编者注

如果一个人预先持有了"我一想好事就会倒霉"的信念，认为自己是个"不祥"之人，那么他就会搜罗各种各样的证据，以证实自己的"不祥"。即使"吉祥"的事情发生在他身上，他也会告诉自己这是假的，是幻觉。比如，那些憧憬过后实现了的美梦，他可能会解释为"偶然""巧合""超常发挥"，甚至直接从记忆里过滤掉这样的事情。

自我神化

不论是悲观主义者还是乐观主义者的自我求证，其实都是自我神化的表现之一，即我们会高估自己对事件的影响，高估自己的作用，会认为这个世界上的万事万物、种种因果，都是自己的某个举动引起的。

自我神化往往较多地发生在青少年身上，当然，中年人也会有。这是一种"所有事情皆因我而起"的心态，把别人的行为和结果都归结于自己（尤其是错误的、不好的结果），这不仅是一种将自己神化的错误认知，也是很多人痛苦的根源。

由此，大家可以从中照见自己平时的归因风格，可以观照一下自己的内心：平时是不是有点处事悲观，做决定畏首畏尾，总将团队的失败揽到自己身上，遇事情总往坏的方面想，不相信好运会降临在自己头上……如果有，不妨就从踏踏实实看好以后的比赛开始，做出第一步小小的改变——放心，选手拿不拿金牌，与你看不看比赛无关。

真正的悲观主义与防御性悲观主义

有人说，很多学霸都喜欢"凡尔赛"，这里我要从心理学的角度为他们争辩几句。

的确，不少学霸总说自己没复习好，总说自己没考好，总说自己就是随便考着玩玩，可是成绩一出来，我们会发现考得最好的就是他们！为什么学霸说话总是这么表里不一呢？

其实，学霸真的不是故意欺骗大家的，他们如此"凡尔赛"，有以下几点原因。

自我认知偏差

心理学家贾斯汀·克鲁格和戴维·邓宁于 1999 年发表了一篇文章《为什么越无知的人越自信》。

在这篇文献中，心理学家发现人们普遍存在一种认知偏差，即越是能力差的人，越是容易高估自己的能力，而能力高的人却容易低估自己的水平。这个现象被称为"达克效应"（也被称为"邓宁-克鲁格效应"），即越是认知能力不足的人，越是容易高估自己的能力，因为他们缺乏正确认知事物的能力，因此常常认为自己正确而别人错误，所以往往高估自己而低估别人。

当我们的认知能力还不够成熟的时候，往往会处在一个"我不知道自己不知道"的自信高峰，而当我们开始怀疑自我的时候，恰恰说明我们的认知能力已经向前迈进一大步了，也就是进入了"我知道自己不知道"的自信低谷。经过一段时间的自我整合之后，又会重新进入"我知道自己知道"的自洽状态了。

一个人经过了自我怀疑阶段，就会进入自我整合阶段，整合好了就可以迈入下一个阶段——自我升华。所以，当你认为自己不行的时候，其实是好事，说明你要成长了。

因为能力差的人缺乏正确认知事物的能力，甚至缺乏分辨对错和优劣的能力，基于此他们常常认为自己正确而别人错误（但事实正相反），从而会低估别人而高估自己。与之相反，能力强的人虽然对自己有一个准确的认知，但是他们往往又会高估其他人的表现，从而以为自己的表现不如其他人好。比如，学霸可能真的以为他懂的你也懂，他复习了的你一定也复习了，而他犯的低级错误你肯定不会犯……所以他说自己没复习、没准备、随便考、没考好，不一定是在"凡尔赛"。

防御性悲观主义

有些人嘴上总说自己不行，实际上最后表现都不错。这些看似很"凡尔赛"的人，也可能是防御性悲观主义者。

什么叫防御性悲观主义呢？就是说一个人对自己做某事成功的期望值低于实际程度。即便他过去在这件事情上已经反复取得成功，可再次面临相似的挑战时，他仍然会产生与实际情况不符的低预期。他会反复思考各种坏结果，并对可能的消极后果产生真心的担忧和悲观，为此采取防御措施。

比如，虽然学霸已经考过很多次第一名了，但是再考试的时候，他还是觉得自己会发挥失常，会考砸。再比如某个成功的球员，虽然已经赢得过很多次比赛，但在每一次比赛之前，他还是会悲观、焦虑、紧张，总担心自己会因为种种原因失利。他们会预想每一件可能出错的事情，估计每一种可能失利的结局。在经历了一次又一次的成功之后，只要一想到即将到来的考试或其他新挑战，他们还是会害怕失败，并且伴随紧张、焦虑、悲观、烦躁的情绪。

但防御性悲观主义者和真正的悲观者又不同，因为他们会防御！

真正的悲观者会认为：反正我做不好，那就不努力了，甚至还可能出现自我阻碍的思维和行为。例如，"这次考试对我来说太难了，反正也考不好，干脆不复习了，去玩游戏吧，真没考好的话，我还有理由——因为没好好复习"。这种自己找理由不努力的思维方式和行为模式，就叫作"自我阻碍"。

防御性悲观主义者则会为了应对他预期中的失败结果而采取各种应对策略，以确保万无一失。想象中的失败的可能性反而会让他们更加努力，所以防御性悲观主义者往往能取得更大的成功。

所以当学霸说他没复习好，说他就是随便考，说自己这次考得不好，他可能只是在防御性地悲观一下，你也别当真，人家浑身的细胞其实都已经处于战备状态，在为可能出现的各种危机和挑战做万全准备。

最后，我呼吁大家以一颗平常心正确面对别人的"凡尔赛"。退一步讲，就算他们是真的在"凡尔赛"，我们也不应该以别人是否努力来决定自己是否努力。别人说他没有好好学，那我们就真的也不好好学了吗？他说他就是随便应付工作，肯定没有好绩效，我们就选择应卯了事吗？父母激励我们的时候，我们是不是也这么听话呢？所以不要为自己预期的失败找借口，否则便是落入自我阻碍和不努力的陷阱了。

疗愈与自洽:

被接纳的我才是完整的我

4

老子说："知人者智，自知者明。"心理学研究认为，"认识自我"和"接纳自我"正是不断自我成长、自我提升的基础。一个人只有准确觉察到自己内在的真实情绪体验，接纳完整的自我（"完整"既包括"好的"，也包括"不好的"），才能合理管理自己的心理状态。

心理学家对动物所做的镜像实验发现，豹子会攻击镜子里的自己，因为它们没有自我意识。同样，如果我们不能正确认识"真实的自己"，也很可能像豹子一样"攻击"自己。一个人如果不能认清自己内心需要什么，就只能一直处在徒劳的挣扎之中，任凭自己对自己的"不接纳"、对自己造成伤害而不自知。

我认识不少业余时间来修读心理学的人，他们中的很多人都是抱着治愈自己的目标来的。其中有人就问过我："接纳不好的自己，难道不会导致自暴自弃吗？"恰恰相反，很多人焦虑、抑郁的根源就来自对自我的不接纳。甚至包括很多精神控制、精神虐待，都是在利用这种不接纳来催眠人、摧毁人，因为当一个人完全不接纳自己之后，就会迫切需要他人的"拯救"和"重建"。

我常常告诉他们，疗愈也好，成长也好，改变也好，这一切都要建立在全然的自我接纳的基础上。在完全接纳了自己的不完美之后，人的状态才会是向上的、丰盈的、充满热爱的，这样就能自由地发展全部的自我，建立更理想、更积极的自我。

面对曲解和恶意攻击，生气是自然反应

我们平时在生活中或在网络上表达观点，以及与人相处或交流的时候，难免会身处各种各样的评价之中。正面的、合拍的评价自然人人喜欢，毕竟人类总是喜欢通过寻找观点相同者来确认同类。

可是恶意的攻击在所难免，因为不管你表达什么，总有人能解读出你不曾表达过的含义；不管你讲的是什么，总有人要在别人的故事里投射自己的愤怒；不管你说得对不对，总有人认为自己比你更对……当恶意的评价、曲解，甚至人身攻击来袭的时候，有些人的内心会深感困扰，恶劣的情绪好几天都无法消除，有人甚至对自己的言行和人生产生怀疑。

当然，被人攻击了，生气是很自然而然的情绪。生气5分钟，那还算正常，但如果生气几天几夜，甚至因此失眠，几年之后的某一天突然想起来还是气得头疼，还能清晰地感受到当时被攻击的那种创伤体验，这样就对我们的生活产生困扰了。

也有另外一些人，不论别人如何发起恶意攻击都不会在意，不气不恼，不急不躁，即便是生气，时间也不会太久。不管别人如何评价，他们总是云淡风轻，信心满满，毫不在乎自己在不相干的人眼中是否足够"好"。

那我就来说说，为什么有些人会对别人的评价特别在意，而有些人不会。

一个人获得自尊至少有两条路径：一条是他评路径，即不断通过他人给你的肯定和积极评价来获得自我肯定；另一条是自评路径，即你很了解自己怎么样和需要什么，你的自尊来自自己的价值评估。

一个看重自评的人，比较在意有没有实现自己的目标，而他人的看法在"我"的评价体系中相对不那么重要。例如，"我"做对一件事情（考取好成绩），会因此感到满足，这个满足感来自事件本身（学到感兴趣的知识），并不来自他人的赞扬。而一个看重他评的人，对事情的满足感则主要来自外界的肯定（评分、排名体系、老师和家长的夸奖），如果没有外界的正面反馈，事情本身则失去了意义。

看重自评还是看重他评，要从自我同一性的发展说起。

建立稳定的自我同一性

所谓自我同一性，是指一个人将自己的需要、情感、能力、目标、价值观等整合为统一的人格框架，具有自我一致的情感与态度，以及自我恒定的目标和信仰。当一个人尝试着把与自己有关的各方面结合起来，去形成一个与自己内心协调一致的统一风格的自我，形成一个比较稳定的人格，这就是在发展自我同一性。

用大白话说就是，自我同一性就是一个人在一生中追寻"我是谁""我想干什么""我要成为什么样的人""我想过什么样的人生"这些问题的答案的过程。

而建立稳定的自我同一性，就是指一个人探索自己想要成为什么样的人，而且他对自我发展目标的认知很稳定，并且最终成为希望成为的那个人的过程。

在寻求自我发展的主题中，有理想、职业、价值观、人生观等方面的思考和选择。比如《少年派的奇幻漂流》中的派，一开始什么宗教都信，这种精神信仰的混杂状态伴随着他的成长，这也属于尝试建立自我同一性的一部分。

儿童在成长过程中的主要任务是认识世界，而成年人的主要任务则是认识自己。所以我们从青春期开始就要寻找"我是谁"这一问题的答案。

自我同一性的建立始于青春期，但不是每个人都能顺利地度过这个阶段，有的人可能终其一生也无法很好地完成这个任务。如果没有建立起很好的自我认知，即便他是一个阅历丰富、人生成功、事业家庭两开花的成年人，也仍然有可能因为他人对自己的评价而备感困扰。从这一点来说，他可能仍然是一个卡在青春期里出不来的小孩。

"在我的自我概念中，什么才是最重要的？"这个问题的答案可以帮助你判断自己是否已经顺利度过自我同一性建立的阶段。

我们可以简单地把答案分成两种：一种是事实性的，比如"我觉得我的目标对我来说是最重要的"；另一种则是评价性的，比如"我觉得最重要的是别人如何评价我"。

对第一种人（看重自评的人）来说，"我的人生与事业"是重要的。因此，他们对于外界的评价，首先会认为家人、专业人士、志同道合的朋友等的评价比较重要，而网友的评价并不重要，因为某些网友没看完或者没看懂"我"所要表达的意思就开始攻击人。即便是专业人士的评价，也要先判断他们说得对不对。如果是对的，那就没有必要生气，理性讨论、改正错误即可；如果他们的评价并不合理，更不必生气，因为"我"可以确定自己是正确的，这（对我的人生和事业本身而言）就够了。

对第二类人（看重他评的人）来说，得到别人的肯定和正面评价是重要的。这种人往往有意愿摆脱别人的负面评价对自己的影响，因为他们正在努力建立的自我不是这样的，但他们又没有足够强大的自我认知来摆脱这种他评体系的影响——他们还处于自我同一性的混乱之中，不知道该听取哪一种声音。这时候，任何与自我认知不同的杂音都会变成一种挫折，都可能引起同一性危机，引发自我怀疑。

同一性危机会导致两种可能：第一，启动心理防御机制中的"愤怒"或"羞怯"来进行自我保护，因而产生"攻击"或"逃避"的行为。这类人往往会对攻击性的留言格外敏感，比如，"我做得已经很好了，为什么还是得不到别人的理解和认可？"第二，形成一种讨好型的反应机制。努力改变自己的言行认知，来迎合他人的评价和要求，哪怕这种改变是令自己感到痛苦的、压抑的和认知失调的。

这两类人在生活中都能找到非常典型的案例。比如在某微信群里，有人非常喜欢点评和攻击别人的外貌。看重自评的人在遭到不友好的攻击之后，反应是"你说不好看就不好看吗？我知道自己喜欢什么样的风格"。而看重他评的人，又会分为两种情况：一类人会异常愤怒，和对方能吵上好几天；另一类人的反应则是，按照对方的点评改变自己的着装，并且在得到对方认可之后表示"要得到你的肯定可真不容易"，然而如果此时有其他人发表了不同意见，他会再次改造自己，在不同意见之间来回摇摆。

自我同一性在现实生活中的运用

我们在探索自我的过程中，需要分清楚什么事情是自己的事情，什么事情是他人的事情。我们的行动是自己可以控制的，而他人对我们的评价和看法是我们无法控制的，而是否受他人评价的影响，则又是我们可以控制的。

经常有读者对我说，自己选择北漂、选择钱少但喜欢的工作或者选择读研读博，他们认为这种状态很好，但他们的亲戚总认为"你日子一定不好过"，他们为此感到愤怒和困扰。或许，他们内心深处还没有十分确信自己选择的生活方式好不好（我猜测现实情况有可能是利弊共存的），所以外界的偏见和看法会影响他们的情绪，愤怒的根源还是渴望别人的认可。当一个人非常确信自己想要什么样的生活时，别人的话在他们看来可能只会当个笑话，毕竟他们还有更重要的事情去做。

如果一个人完成了自我同一性的建立，有足够的力量和自信去评价自我，那么外界的各种声音对自己的影响就会变得很小。一个人的自我认知、自我评价体系很稳定，别人再怎么恶意揣测、攻击、质疑（如果是不合理的），他都会岿然不动。

因为他会相信自己内心的判断，知道他人所言并不真实，也不需要通过他人的肯定来获得自尊，因此情绪不会受影响，更不会因此怀疑自己的价值和某件事的意义。

美国有一位比较胖的女主持人，在被观众攻击了外貌之后说过一句话，我特别赞同。她说："不要让霸凌者定义你的价值。"

讲到这里，可能会有朋友混淆一些概念。比如有人问我："面对有分量的人，自我同一性不稳定；面对无足轻重的人，自我同一性特别稳定。这是不是欺软怕硬？"

从这个问题来看，他们可能认为自我同一性稳定意味着"油盐不进"，别人说什么都不听，而接受他人的批评和不同意见，就意味着自我同一性不稳定。我们不能这样理解。

坚定的自我不该是看对方是不是有分量的人，而是来自内心坚定的目标和对自我清晰的认知。如果因为给出评价的人是权威，就质疑自我；反之，如果他的社会地位无足轻重，就不把人家的话当回事，那么其自我同一性自始至终都是不稳定的。

意图伤害他人的人并不等于"弱小的人"，说他们不重要、不用在乎他们，不是因为他们的地位无足轻重，而是因为他们的诋毁并不能让我们成为更好的自己，对我们的成长没有益处，所以我们不应该让这些攻击影响我们对自己价值的判断。

还有人问："自我认知稳定和刚愎自用有什么区别？"这仍然是将自我同一性稳定和不采纳他人的所有意见混为一谈。

自我同一性稳定的人往往很自信，自信的人可以接受批评意见。说话做事要求问心无愧，对得起自己的价值观，而非寻求所有人的认同。比如："我只要尽心尽力做好就行了，至于你骂不骂我，就不在我的控制范围之内。"

而刚愎自用的人往往很自负，自负的人是听不得批评意见的。自负之人自尊往往不稳定，做人做事的目标就是为了求得他人的认同和肯定，他们会因同一性危机而启动"愤怒"的自我防御机制。因此这类人不太能接受批评，比如"我做事是不可能错的，所以你们不能骂我"。这有点类似自恋型人格障碍。

自我同一性是指个体对自己"是什么样的人"以及"想成为什么样的人"有明确的认知，并且这个认知很稳定，不轻易受到外界干扰。同时，自我同一性稳定的人可以不被杂音干扰，这并非不听取他人意见，他们会根据有益的建议修正自己的路线。

因此，我所说的是"不要被不必要的评价干扰"，并没有说"不要在意不同的声音"。兼听则明，我们永远都要虚心听取别人的建议。

比如我刚工作的时候，有学生反馈我上课无趣，有些批评还相当不客气。对此，我反问自己：我的目标是什么？当一个好老师。他们批评得对不对？我认为是对的，那我就需要改变、练习和提高。

我听取了负面评价并做出改变，这是自我同一性不稳定吗？当然不是。因为我意识到并且也认同"我上课无趣"这一事实。为了实现"做个好老师"的目标，我选择提升自我，做出改变，所以在这个情境中，我的自我同一性自始至终都是稳定的。

还有一个例子。有人曾抨击我不是称职的教授，因为我说"条件反射实验是巴甫洛夫做的"，而他认为这个实验"是塞利格曼做的"。

对此，我的具体做法如下：我的目标是什么？做个称职的教授。他的批评对不对？不对，因为是他自己记错了。所以，这件事不会影响我对自己的价值判断。最后，我告诉对方教科书上第几章第几页明确写着答案后，他回应我"教科书说是就是吗？"，那么这个对话到此就不必再继续了。

因为他说得不对，所以他的话不会让我降低对自己的价值判断，再胡搅蛮缠下去，只会浪费我的时间。

还有人问我："我妈妈看不惯我的着装，埋怨我不注意形象，我很难过。"

我建议解决步骤如下：

第一，我的目标是要成为家里的时尚风向标吗？不是。我要统一家庭成员的审美观吗？不是。

明确这点之后，妈妈对我衣着品位的贬低就不影响我对自我价值的评估。那我的目标是什么呢？家庭和谐。既然如此，我就没有必要就着装问题和妈妈争论对错。

第二，为了实现家庭和谐，我该做什么？接纳妈妈的情绪。

第三，解决方案是虚心接受妈妈的建议，但坚持自己的审美。比如，"妈妈，你的品位真好，你打扮得真美，我以后要向你学习穿搭！"多用夸赞的语言哄哄长辈，但自己该怎么穿还怎么穿。

如果一个在乎自评的人能有准确的自我判断力，那他自然是心智健全的人。但如果一个人缺乏准确的判断力，又只在乎自评，不在乎他评，自我感觉良好，那么在他人眼里，他可能会是世俗意义上的笑谈。但即使如此，如果他没有违背法律道德、公序良俗，也不侵犯他人利益，别人就没有资格干涉他。

培养孩子的自我同一性

父母要给予孩子无条件的积极关注

无条件的积极关注指的是给予无条件的爱，不管孩子做什么，都要表达对孩子的爱，并关注孩子。

首先，我们要区分无条件的爱和无底线的爱、无原则的爱。无条件的积极关注，不是不分是非的纵容，不是犯错了也不惩罚、做得不好也使劲夸赞、不立规矩任其自由发展。下面以孩子画画为例，说明三者的差异。

什么是有条件的爱？孩子画得不好，家长就打骂孩子，羞辱孩子，如"猪都比你聪明"；孩子画得好，家长才表扬他、奖励他。

什么是无底线的爱？家长发现孩子画得不好，还强行夸赞他是艺术天才，如果别人指出孩子的不足那就是没眼光，就是老师没教好，谁说不好就骂谁。

什么是无条件的爱？家长认为孩子画得不是很好，但引导孩子怎么画，或者帮助孩子发现自身其他的优点，即使画不好，也可以做其他擅长的事情，鼓励孩子不断去尝试、去努力。

很多不自信的朋友，往往是由于在成长环境中缺乏无条件的积极关注。不管是来自父母的忽视、有条件的爱，还是成长环境中老师、同学、朋友的态度，抑或是其他生活事件的影响，他们都不能接纳"不够好的自我"，无法体验"全部的自我"，无法建立稳定的自我同一性，因此产生不自信的心理。

父母要鼓励孩子积极"尝试"

心理学家詹姆斯·马西娅对埃里克森的自我同一性理论进行了拓展，并提出，"尝试或探索，是孩子建立自我同一性过程中至关重要的一环"。比如，孩子想当飞行员，父母希望他考公务员。如果是开明的父母，就会收起自己的担心，允许孩子去试，哪怕试错也有助于达成建立自我同一性的目标。如果父母不放手，要求孩子必须按照自己规定的路线去生活，则会引起自我同一性的"早闭"，这种情况下，孩子看似达成了一个圆满的目标，但实际上自我同一性危机是隐藏在背后的。

在自我努力和外界力量（比如父母的养育方式、老师朋友的影响）的共同作用之下，自我同一性的探索一般有以下四种结果：

· 同一性获得：我进行了探索，并且成功，最终获得了稳定健康的自我认知。

· 同一性延缓：我进行了探索，但是没有成功，同一性没能建立起来。

· 同一性早闭：我没有进行探索，但获得了成功，同一性的建立中止。

· 同一性扩散：我既没有探索，也没有成功，同一性建立失败。

如果上述理论不太好理解，我再举例分别说明它们的区别。

同一性获得：我想当诗人，并且我真的成了成功的诗人；或者，经过几番尝试，我认识到自己并不适合当诗人，但我发现当公务员很好，于是我就去当公务员了。这时，我就建立了稳定健康的自我认知，成功获得了同一性。

同一性延缓：我想当诗人，但是我没有成为成功的诗人，如今还在拖稿度日，穷困潦倒，对于"我是谁"的答案我还在苦苦追寻。这时，我的自我同一性就没有建立起来，处于延缓状态。但是同一性延缓未必是坏事，因为探索还在继续。

同一性早闭：我想当诗人，但是我爸妈不让我当诗人，我放弃尝试，听爸妈的话去考了公务员。虽然我内心深处还是渴望当诗人，并不想当公务员，但是算了吧，就这样吧！这就是同一性的建立中止，进入早闭状态。

同一性扩散：我也不知道自己想干什么，也没人帮我安排工作、安排相亲，我就浑浑噩噩地混日子。这是同一性建立失败。

上面四种结果给家长的启示是什么呢？

孩子在叛逆期的逆反行为，包括和父母吵架、对抗、早恋、追星、不好好学习、不找工作、未婚先育等父母不能理解的行为，也就是没有"在什么年龄就做什么年龄该做的事情"，如果没有违背法律道德、公序良俗，没有伤害他人及自身，其实也未必是坏事。

因为孩子在这个看起来"走弯路""浪费时间"的过程中，其实是在进行一种"我想成为什么样的人"的探索，是在完成从少年到成年的蜕变，也是自己作为一个独立个体从原生家庭的互依模式中脱离的过程。如果他们内心的冲突在对外释放的过程中逐渐得到消解，最终达到一种平衡，即进入了一种稳定人格的状态，他们往往也能与父母最终达成和解。

但在这个亲子博弈的过程中，如果父母十分强势地掌控了局面，而子女又没有足够的反抗意识或反抗能力，就会形成同一性早闭的"虚假和平"局面。孩子早早关闭了自己的"导航仪"，不再探索"我是谁"，也不再尝试"我想做什么"，直接进入父母保驾护航的人生轨迹，而不会偏离航线。

在这种情况下，父母也许会自豪于孩子的"听话""懂事""孝顺"，因为这种"别人家的小孩"会把普通小孩用来叛逆、逃课、早恋的时间全都用来学习和包装自我，因此常常能够按照父母的计划，早早按部就班地走向人生的"成功"。

这看起来似乎是圆满的结局。其实不然，这类人的同一性危机是隐藏在暗盒里的。因为他们内心冲突产生的负能量不会凭空消失，只能向内瓦解自己，或者向外毒害他人（比自己更弱势的一方）。需要注意区分的是，有的小孩是自己喜欢学习、喜欢兴趣班，而非被父母按头强逼，这种情况就不属于上述的同一性早闭。

如果在青春期没有建立好同一性，成年后还能建立自己的同一性吗？

从埃里克森社会心理发展的观点来看，如果在某个阶段特定的任务没有完成，就会导致某些发展的停滞。但是从其他临床或是发展的观点来看，人是具有终身发展能力的，可塑性也很强，所以在其他阶段完成之前没有完成的任务也是完全可行的。

这里可以从内力和外力两个方向来努力。

从外力上来说，可以选择能给予你无条件积极关注的人生同伴。有人说，我小的时候父母没有给予我无条件的积极关注，我能怎么改善自我同一性的建立呢？你无法选择父母，无法选择原生家庭，但在人生的后半场与什么样的人同行，大部分人都是可以选择的。如果你的闺蜜、你的伴侣、你的室友等常常让你想否定自己，感到沟通很累，感到自己的意思被歪曲、被过分解读，那我认为这不是一个良好的人生同伴，这类人会攫取你的养分，让你的生命干枯。

从内力上来说，还是要内心强大。这听起来可能是一句正确的废话，但确实有用，相信我，30 岁以后，我们可以成为自己的原生家庭。

你要明确自己的目标，做任何事情都要向着目标的方向前行，不要"身在此山中"。不妨当一回无人机，飞出来看看全貌，看看目的地在哪里。被恶毒之人的贬低和咒骂困扰，能让你的人生得到提升和进步吗？如果不会，那就请忽略它们，继续前进。

建立稳定的自评体系，不在意他人的评价

前文中我讲到要建立稳定的自我同一性，厘清人生目标是为了实现自我而不是迎合他人；要建立稳定的自评体系，摆脱他人评价对自我认知的影响；等等。可能有些朋友会有这样一种感觉：道理都懂，要做到却很难。懂得了道理之后，能做到自然是好的，做不到也没关系，往往第 1000 次的顿悟，是因为有了前面 999 次"做不到"的铺垫。而在 999 次"做不到"的过程中，我们仍然可以选择接纳自己的"做不到"。

接纳自己的"做不到"

我以前曾说过，自从开始做自媒体，有个问题一直困扰着鹿老师，即那些不友善的评论经常会影响她的情绪。为了处理好这个困扰，她请教过很多有同样经历的人。然而，好像其他

做自媒体的朋友都妥善处理了不友善言论和自己情绪之间的关系，大家都告诉她"认真你就输了"。

是啊，一个自媒体人，怎么可以那么认真地在意每一条评论呢？一个连恶意评论关都过不了的人，又怎么能经营好这份任人评说的事业呢？

对比别人的云淡风轻和自己的难以释怀，鹿老师更加自责、沮丧，发愿要努力改变自己的"不冷静"，结果这件事却成了一个解不开的心结。

直到有一天，她向一位很成功的同行业博主 L 老师问道："你的后台有人骂你吗？你如何处理那些评论以及被骂后的情绪？"

L 老师回答她："其实我也处理不好这些，我也很害怕看到恶意评论，所以太恶意的评论我会删掉。"

之后，鹿老师对我说："我感到释怀了，好像突然不在乎那些恶评了。"

我问她为什么突然有此转变。她回答："也不是不在乎恶评，而是不在乎那些恶评带来的坏心情了。一直以来我想克服自己的不成熟，越是想把这些坏情绪掩藏起来，这些坏情绪反而会变大膨胀。现在，我可以坦然接受这种坏情绪了。"

我又追问带来这种转变的原因是什么。她说："因为在我看来，非常理性、非常淡定、非常成熟，好像面对所有情绪问题都有解决办法的 L 老师，也会有这种困扰，我突然对自己的困扰没有那么强烈的羞耻感了。我想，原来他也害怕恶评，他也过不了这一关，他也选择了逃避；原来很在乎别人评价的人，也一样可以把自媒体专栏做得那么好。既然这样，我也可以不选择'克服'，而选择'逃避'。"

她了悟的那一刻，我也悟了。

一直以来我希望帮她解决这个问题，为她示范各种云淡风轻的"正确做法"，没想到这些示范成了另一种压力，增加了她的自我羞愧感。所以，觉得自己做不到"不在乎他人评价"的同学，也不必有心理负担。这只是一个"启发"，不是一个"任务"。

如果现在你觉得自己"无法做到不在乎他人评价"是一个需要改掉的"毛病"，那我可以告诉你，这不是毛病，只是你目前的一个状态。你不必强迫自己改掉这个"毛病"，去迎合他人，得到别人的认可，也不必让别人觉得"我不是一个恐惧评价的人"。

我想表达的是，如果别人的评价给你造成了困扰，那么你只需调整这样一种状态，目的是让自己更自洽、更舒展，身心更愉悦，人生更快乐。

如果你暂时无法调整也没关系，没有必要因为想要"强行自我接纳"，反而给自己增加了新一重的不接纳。

再说回来，为什么L老师也有评价恐惧症这件事有"治愈"效果，能帮助鹿老师接纳自己当下的状态呢？

因为人常常是在社会比较中来认识和评价自己的，根据费斯廷格的理论，这种社会比较有平行的（与自己差不多的人比较），有上行的（和比自己优秀的人比较），也有下行的（和不如自己的人比较）。

上行的社会比较固然有积极作用，有利于我们见贤思齐、不断进步，但一味地上行比较，容易造成过大的压力和不良情绪。比如，"为什么别人都能做好的事情我却做不到？"为避免出现这种不良情绪，我们有必要进行下行社会比较。比如你考试没考好，原本你很难过、很自卑，可是当你看到同桌考得还不如自己的时候，心情是不是就好多了？可见，向下比较，能帮助我们获得幸福感和成就感。

在鹿老师和L老师进行社会比较这个情境里，有一个很妙的"混合"，它既不是完全的上行比较，也不是单纯的下行比较，而是一种"上行的下行比较"。通俗讲就是，"在比我优秀的人身上找到和我一样的缺点，甚至不如我的地方"。

当鹿老师发现专栏运营得非常成功、平时看起来总是很淡定很冷静、面对情绪问题似乎永远有办法的L老师，和自己有一样的困扰，她就觉得自己的坏情绪其实不是什么了不得的大事。

这也是很多心理治疗中会使用"分享互助会"的原因，因为这种"原来我不是一个人在战斗"的认同感，更有助于人们消除病耻感，从而接纳自我。

接纳自我的重要性

其实鹿老师以前想过让我来删除恶意评论，但那时她觉得这是一种可耻的逃避，会导致"处理不好情绪"的羞愧感。当她接纳了自己的情绪之后，她认可了这种"逃避"的合理性，从此以后她理直气壮地表达愤怒情绪，坦然地当"逃兵"，这个问题反而不再是问题了。

为什么心理学一直强调"接纳"？因为一个人如果可以接纳自己的任何部分，他就能进退自如，好的部分尽情享受，不好的部分也无须自责和掩藏。

生活本来就有好有坏。一个人就是一个完整的、有优缺点的整体，接纳自己不可能只要好的部分，不要坏的部分。接纳"不够好"的自己，才能发掘"更好"的自己。

有人问我："接纳了不好的自己，会不会破罐子破摔了？"这是一个常见的误解。破罐子破摔的人，往往都是无法接纳自己的"不够好"从而崩溃，走向自暴自弃。因为自暴自弃往往和羞耻感紧密关联，这是另一种形式的习得性无助——"反正我已经差劲透了，也好不了了，索性就继续差下去吧"。

接纳自我则相反，它消除了你对自己的负面认知，让你用一个中性、客观的态度去对待问题。当你的注意力不再集中，甚至不再去放大、去强调"不好"的地方，反而能够让情况变得越来越好——"原来我的那些缺点也没什么大不了的，我应该放下纠结，我值得更好的生活"。

我们的一位朋友 A，她经常说自己身体某些部位疼痛，去医院做了各种检查，也没啥大毛病，就是浑身不得劲儿，越关注越难受，越难受越关注，甚至影响了正常的工作和生活。直到有一天朋友 B 说："疼痛本来就是人生的常态，我已经把我的腰痛接纳成身体的一部分了。"

从那以后，A 释然了，不再关注身体的疼痛了。过了几年，我们再问她的时候，她回答说："痛还是痛的，只是它不再困扰我的生活了。"

内向者也可以克服社交恐惧

看过我文章的人可能会说："原来过分在乎别人的反馈和评价也是一种不自信的表现啊，我还以为不自信就是胆小害羞呢。"说得没错，胆小害羞（社交恐惧）确实是不自信的体现之一，它和太在乎外界评价（评价恐惧）其实是同一根藤上结出的果。

我曾经写过一篇有关回避型人格障碍的文章，有读者看完之后直接留言问我："我不喜欢人际交往，没有什么朋友，社交场合能躲则躲，害怕公开讲话，每次开口之前都要拼命鼓励自己。我是回避型人格障碍吗？我该怎么办？"

大家先别着急自我诊断。首先要明白，人格障碍是一种性格上的严重缺陷，在现实生活中不仅会给自己造成烦恼，更会给身边人带来极大的困扰、痛苦和精神折磨，甚至会对社会造成危害。而人格障碍之所以难治，主要就是人格障碍患者并不觉得自己有问题，也无改变意愿，且对外界的帮助很抵触。

而上来就问"我发现我是回避型人格，要怎么克服"的读者，有如此强烈的反思意愿和改变意愿，基本上不会是回避型人格障碍了。为什么我们一直建议读者不要根据书本上的一些症状来对应自己的行为，不要进行自我诊断，因为自行对号入座容易扩大化自己的行为和症状。

向我咨询的大部分朋友根本没到"折磨他人、危害社会"的程度，充其量就是有一点社交恐惧而已。社交恐惧具体表现为胆小、害羞，不会主动与人交流，不敢大声说话，不敢面对公众发表自己的观点，比如开会、演讲的时候，害怕表现得不够好，被别人嘲笑、轻视。简而言之，还是太在意别人的眼光。

那么胆小、内向、害羞该怎么办？不善社交、不敢公开讲话该如何克服？

开诚布公地说，我自己其实就是一个很内向、很害羞的人，曾经在生活中也是沉默寡言，在公开场合也不敢讲话。

我和鹿老师刚约会的时候，走到哪里，都是她在前面大步流星地走着，我在后面默默跟着；朋友聚会都是她包揽所有讲话的"活儿"，我几乎不怎么跟人开口。那时候她的朋友都对她说："你男朋友怎么那么害羞啊！"

曾经有人得知我是心理学工作者后对我说："你这么内向，不是吃这碗饭的人啊！你都不跟人交流怎么研究别人的心理？"家人甚至也替我发愁："你跟邻居打招呼都脸红，怎么站上讲台给人上课？"直到最近，十几年没见面的一个朋友和我相见后说："你现在开朗外向多了，和过去判若两人。"

我这才发现了自己的变化。过去我和异性、和不熟的人连说一句话的勇气都没有，现在我确实比过去自信、健谈、外向了很多。当然，和一些天生能言善辩、善于交际的人相比，我还是有很大差距，但是和自己比，已经进步很多了，起码我现在站上讲台面对几百名听众能够口若悬河，不会紧张到脑海中一片空白，也能够站上舞台做演讲，能够面对镜头不打怵。

我总结了自己克服社交恐惧、登台紧张的过程，说起来其实都非常简单。

再次强调多多练习

心理学中有种治疗方法，叫作"暴露疗法"。意思就是不给来访者进行放松训练，直接让他（或想象或直接）进入最令他感到恐惧、焦虑的情境中，并逐步消除由这种刺激引发的习惯性恐惧、焦虑反应。比如你害怕坐飞机，那就让你天天坐；你害怕演讲，就让你天天上讲台；害怕社交，就让你天天聚会。通过这种方式，纠正你对这类焦虑情境的错误认知，让你意识到原来这也没什么大不了的。

以我演讲为例，我曾在家对着镜子练习演讲，或者让孩子的玩具娃娃排排坐假扮听众，或者让家人扮演听众，练习多了自然就不怕了。而且，当一个人对要经历的流程足够熟悉、对要表达的内容领悟得足够透彻，自然就会胸有成竹。自信从何而来？就来自那份尽在掌握、了然于胸的底气。

世界上并不存在"压力"这种东西

这句话听起来像是一句诡辩，但这确实是一个很简单却总有人想不通的道理。在我们的生活中，其实并不存在"压力"这种东西。"压力"本身并不是一个客观存在的事物，它只是我们对生活事件的主观解读——某件事是否能成为压力，其实取决于我们对事件的主观理解。我们会通过自己的主观加工，把某些本来中性的生活事件解读为压力事件。

比如，我以前也是有点评价恐惧的，因此在很长一段时间里，我一上讲台就会紧张，因为我担心自己讲不好被同学们批评。我看到下面的学生窃窃私语或是偷笑，就总觉得他们是在嘲笑我、议论我……那段时间我的教学评估得分也确实不高。后来有一天，我突然顿悟了这个道理：压力不是来自上课或学生本身，而是来自我对走上讲台、面对人群的恐惧。于是我想了个办法：上课的时候摘掉眼镜，这样我上课时就看不清学生的表情，也注意不到他们的议论了。我完全沉浸在自己的课程当中，就好像讲台、学生、教室全都消失了，我的世界里似乎只有我一个人在和自己对话。从此以后，我的教学评估得分一直名列前茅。

纠正对事件后果的错误认知

很多时候，对一件事情过分恐惧、焦虑会耽误事儿，是因为你主观上夸大了它的负面后果的严重性。比如你不敢和别人讲话，怕讲不好被别人笑话，给别人留下坏印象，但其实别人可能压根儿没往心里去，是你自己不合理地用灾难化思维将消极后果放大了而已。再比如，你觉得某件事情没做好，整个人生就完了，从此以后在心理上畏惧、逃避同类事情，反而形成恶性循环。其实，搞砸一次演讲，或者向领导汇报工作没做好，最坏的结果又能坏到哪里去呢？别人最多觉得，这次演讲听着不怎么样，或者再严重一点，在领导那里留下了不太好的印象。但只要你的实力还在，世界末日没有到来，以后就还有翻盘的机会。

我特别喜欢郭德纲相声中的一句话，我自己将它命名为"破罐子破摔疗法"，就是当我们遇到事情时，可以自问一句："这件事搞砸了，有杀头的罪过没有？"如果没有，那就放过自己吧！当然，该疗法仅适用于对自己要求苛刻、情绪过度焦虑的人群。本身就已经破罐子破摔的人，千万别再拿这个说辞自我安慰了！

纠正对自己的错误认知

1986 年，心理学家马库斯和纽瑞尔斯提出了"可能自我"的概念，它是指一个人如何思考自己的潜力和未来形象的自我概念，以及有关未来定位的自我描述，即我们想要成为的自我。

许多研究发现，"可能自我"对个体的成长发展具有许多积极的作用，不仅可以预测和激发人们的行动，还可以指导和调整人们的行为，有利于一个人实现目标，也会帮助他更积极有效地应对现状和解决困难，有效调节情绪，增加自信。这有点类似于皮格马利翁效应，即通过树立自己对未来的美好期待与信心，最终促进自我实现。

在中国文化里，人们喜欢把具有潜力的人比喻为"璞玉待琢"，但是我觉得用流水来比喻"自我"更合适。我曾看过一个 TED 演讲，题目为《真实的自己存在吗？》。它告诉我们，所谓"真实的自我"并不存在，因为我们的"自我"是一个可塑的、流动的、变化的东西，而认识自我是一个需要不断更新的过程。我们不需要着急定义自己是谁，也不需要急于给自己贴上"胆小内向""社交恐惧""人格障碍"的标签，因为在成长过程中我们会一直变化，而个人成长的过程就是一个发现自我、认识自我，不断让自己变成"我想要成为的自我"的过程。

低自尊的人，爱自己是建立自信的第一步

前面说过，一个人自我同一性不稳定、不自信，往往因为童年经历中的创伤。因为缺乏无条件的积极关注，所以不能接纳全部的自我，形成不自信的性格特征。

这种不自信导致的结果除了胆小害羞（社交恐惧）、太在乎他人的评价（评价恐惧），还有一个很典型的特征就是：对自己的评价过低，产生了与实际情况严重不符的低自尊，总感觉自己不够好，不配得到的心态非常严重，并低估自己的能力，非常容易产生自责、自罪、羞愧和自我审视的心态，因而在生活、工作、人际交往、亲密关系中过于卑微。

曾经有人向我提问，她觉得她谈过的两任男朋友都对她很好，但是她在男朋友面前特别自卑，觉得自己一无是处。甚至男朋友夸她可爱、正常地拥抱她，她都会受宠若惊，继而觉得羞愧、无地自容，因为她觉得自己不配。

既然她觉得两任男朋友都很好，为什么最后都谈不下去了呢？她说因为她的自我厌弃，男朋友也常常在这段关系中感到绝望，对他们的未来感到迷茫。有时候因为她的自卑，两个人的心情都会很糟糕。

我给她的建议是：你得先爱自己。足够爱自己，才能给予别人健康的爱；不爱自己，给予对方的则是畸形的爱。

如果你严重低估了自己，这种低估不仅会让你觉得自己很糟糕，就连你的亲密同伴（比如好朋友、男朋友）也会在这种心理暗示下觉得你很糟糕。有时候，你不一定是与他人对比了才觉得自己很差，甚至有可能是对方被你逆向比较了才觉得和你在一起的未来很黑暗。

改变错误的自我认知

我们要试着改变错误的自我认知，改变现在这种自我评价的方式，提高自尊，学会爱自己，这才是解决问题的根源。

很多自我评价过低的人，一方面总是把"要让所有人都认可我"当作奋斗目标，另一方面又总觉得"没有人喜欢我"，开始各种自我贬低、自我规训、自我审视，甚至形成了讨好型人格。而这种讨好型人格又往往会吸引想要占你便宜的所谓朋友、恋人，从而陷入恶性循环。

首先，"没有人喜欢我"是第一层错误认知。这可能是一个错觉，事实可能是，有人喜欢你，也有人不喜欢你。

其次，"要让所有人都认可我"是第二层错误认知。没有人能同时得到所有人的认可，而且如果一个人不认可你，那你为什么要讨他的喜欢？

这几年我们做自媒体有一个最大的体会，就是不管你怎么尽力把一件事情做好、做对，力求面面俱到、尽善尽美，也还是会有人否定你、不喜欢你。而就算你觉得自己不完美，或是某件事做得不够好，有很多缺憾，也一定会有人接纳你、包容你、支持你、保护你，而这种人才值得你交往。

管理身边的评价体系

人和人的关系需要"管理"，你身边的人际关系、评价体系，也要向着良性共生的方向去管理，不要向着"恶性循环"的方向去管理。

比如，你身边有没有那种特别擅长夸奖人的朋友？我建议你以后多交往接纳你、认可你的朋友，远离一味贬低你、整天说你不好的人。当然，这个方法有一定的适用范围。首先，它只适用于自我评价过低的人，自我评价很高的人，还是需要兼听则明。其次，我们要分清"无条件的接纳"和"无原则的吹捧"的区别。"无条件的接纳"是指你有缺点，我也有缺点，我们两个尘世间的凡人相互欣赏、相互认可；"无原则的吹捧"是指有人要么没来由地把你夸得天花乱坠，要么把自己伪装成没有缺点的完美形象。而世界上没有完美的人，后面这一种人往往别有用心。最后，"只和接纳我的人一起玩"和"要让一起玩的人都接纳我"不是一个意思。很多自我评价过低的人，会混淆这两个概念，总是把"要让所有人都喜欢我"当作一个奋斗目标，这样容易变成讨好型人格。

以鹿老师购买护肤品为例，如果销售员夸她年轻漂亮，她可能会买这家的东西；如果销售说"哎呀，你这个年纪太需要保养了"，那她立马掉头就走。同样，如果你经过一段时间这样的"管理"，你会发现身边夸你漂亮的人越来越多，你也会越来越觉得自己确实好漂亮！

实际上你是否真的漂亮并不重要，重要的是你心情会越变越好，生活状态也会越来越好。

不要放大正常的失败

曾经有一位来咨询的朋友对我说，自己"每天活得不如蟑螂"，"周围人像躲避瘟疫一样"躲着她，她觉得自己"是这个世界里最多余的存在"，说自己"不配像其他人一样获得任何快乐与幸福"。

这是抑郁症患者经常会产生的一种错误自我认知，他们把自己在一些正常范围内的挫折，不合理地放大成了灾难性的失败。

先不说"像躲避瘟疫一样"是否只是她的主观猜测，就算真有一部分人不喜欢她，也一定会有人喜欢她。

她说想到自己干过的蠢事，甚至会作呕。这其实是一种非常正常的生理反应。大家想到自己干过的傻事，都会有一些应激反应，比如有人会咳嗽，有人会发冷，有人会想吐，有人会脚趾抠地。挫折其实是人成长过程中的必经之路，我们在工作学习中，也会遇到各种各样的挫败。所以大家都一样，不只是你一个人干过蠢事，我们都干过，或者说，"糟糕"才是正常人生活的常态。不要将这些"糟糕"放大，不要给自己设置很多专管"给差评"的假想评论员。

别担心找不到接纳自己的人

全然接纳你的恋人、朋友也许可遇不可求，但全然接纳自己，其实是掌握在自己手中的。你也许觉得自己暂时做不到，但起码选择权在你手中。你可以主动把那些有损你接纳自我的人从生活中删除，哪怕只是一个化妆品销售；让那些有助于你接纳自我的人和事多多出现在你的人生中，哪怕只是一部能让你开心的电影，或一篇能让你学会欣赏自己的文章。

自我接纳、自我认同需要我们学会"放下评价"，活在当下。在人本主义者看来，有条件的积极关注是有问题的，会影响人长远的人格发展。因为有条件的积极关注会让人觉得，只有自己把每一件事都做得完美，才配得到好的评价和积极的关注，以及父母的爱意。说到底，有条件的积极关注会导致一种"被评价裹挟和绑架的人生"。而无条件的积极关注，就是一种"放下评价"的处世之道。

小时候，我们的积极关注主要来自原生家庭，也就是父母；长大以后，我们可以成为自己的原生家庭，自己给自己提供无条件的积极关注。

现代人焦虑和自卑的根源，就在于被各种评价（也就是有条件的积极关注）框住了，逃不出去。但当一个人发现，他接纳了自己，给予了自己无条件的积极关注，跳出了各种评价的桎梏，他自我的力量就会变得很强大。

以前网络上流行过"夸夸群"，就是建立一个在线聊天群，付费让群里的成员各种夸人。不管被夸的对象是打了一串省略号还是发了一个表情包，他们总能找到各种夸赞和肯定的角度。这种夸夸群能兴起，也从侧面说明了人对被表扬、被肯定的渴望和追求。

为什么我说，有一个会夸奖人的好友很重要？其实说白了，这就是一种无条件的积极关注。

　　20世纪40年代，美国心理学界还是被"精神分析"和"行为主义"两大流派把持着。他们对于人的认知要么是"人性本恶"，比如精神分析的性本能，要么认为人性是可以"塑造"的，例如行为主义认为的强化惩罚的作用。但其实在心理学界内部，不少学者对这两个流派并不认同，认为他们都忽视了人性中最重要的方面——自由意志和人的尊严。于是心理学的"第三势力"——人本主义诞生了。

　　人本主义的代表人物之一就是卡尔·兰塞姆·罗杰斯。他认为，人都有一颗向善的心（这里的"善"可以理解为成为一个好人，或成为心理健全的人），这在根本上符合我们中华传统文化一直强调的"人之初，性本善"，也可见我们中华文明的优越性。

　　心智健全的人有如下特征：坦诚对待自己的经历；全身心投入生活，而非凑合过日子；相信自己的感觉和判断；可以自己做决定，而非屈服于他人或社会的要求；有创造力，为人可靠，有建设性；过着丰富多彩的生活……

　　在罗杰斯看来，虽然每个人都有成为心智健全之人的潜力，但是现实中的一些桎梏阻碍了他们发挥和实现这一目标的潜力。其中一个重要因素就是如何评价自我，进而接纳自我。一个心智健全的人，其重要特点就是相信自己的感觉，如果他们觉得一件事是对的，可能就会去做，不太会屈从于社会期待的角色要求（也就是我们前文提到的不被外界噪声所裹挟）。

为什么另外一些人就会屈从于社会期待呢？这与他们所处的环境——有条件的积极关注——有关。

这种人童年时期一般什么时候会获得表扬呢？大多是考试考好了、获奖了、做好事了，才会得到表扬。如果达不到父母的期待，则可能被忽视、被白眼，甚至遭受打骂。父母绝不会因为他问了一句"为什么"而给予表扬。这样的孩子慢慢地学会了抛弃和隐藏自己真实的想法和感情，拒绝自己的弱点和错误，只接受被人赞许的那部分。

从小缺乏无条件积极关注的人，长大后会变成什么样呢？

一种是变成讨好型人格的人。就像《生活大爆炸》中的莱纳德，从小他的妈妈只在他很努力的时候才给予一点点正面关注，比如，只有当他获得杰出成就的时候，才给一点好脸色；当他卑微请求的时候，才肯给予一个勉强的拥抱。大多数时候，莱纳德的妈妈总是过于理性、冷漠地对待孩子的情感需求。

而莱纳德对母亲的情感一直处于既害怕又抱怨、同时还渴求被爱的一种状态中，以至到后来他对挚友谢尔顿和妻子佩妮，也始终处于不自觉的服务、照顾和讨好的状态。莱纳德在某种程度上需要一个有点"巨婴"的朋友和有点小霸道的妻子，来满足他讨好别人的心理需求。只有这样，他才能感受到自己是被肯定的、被需要的。

另一种是变成极度评价恐惧的人。由于长期缺乏无条件的积极关注，一个人没有发展出很好的自我同一性，这种人往往既自负又自卑，经常处于极度渴望被肯定的状态，会因为别人有意或不经意间的忽视、否定而愤怒、沮丧和困扰，同时又会为了迎合别人的评价而委屈自己、改变自己。他们的脑海中往往塞满了虚拟的观众和评论员，尽量让自己的行为符合社会的期待，他们最常问自己的不是"我想要过怎样的人生"，而是"如果我这样做，别人会怎么想我"。

在罗杰斯看来，这种培养方式是培养不出心理健全的人的，因为外界给予的有条件的积极关注说到底就是一种强化和惩罚。他认为最佳做法应该是无条件的积极关注，即不管孩子做什么，都表达对孩子的爱与关注。在无条件的积极关注中，孩子知道自己无论做什么都会被接受、被爱。

现在流行的亲密育儿法、正面管教法，其出发点大多是从无条件的积极关注而来。但是，无条件的积极关注也容易被一些人曲解，认为孩子犯错了不需要接受惩罚，即使做得不好也使劲夸赞，不立规矩，没有界限，任孩子自由发展。这其实又走上了另一个极端。

比如，有些人对孩子采用的教育方式是不批评、不比较，使劲夸。孩子在试卷上乱涂乱画也要强行夸赞为"你真有想象力""真是个小天才"。孩子和老师发生了冲突？那就投诉老师！孩子考试考得一团糟？不许公布成绩和排名！在这种情境下，孩子看似拥有一个备受关爱和保护的童年，但这种教育方式会得到好的结果吗？我认为，这是误解了无条件的积极关注的含义。无条件的积极关注不是说孩子明明只是乱涂，父母却非要说他有想象力，否则等到孩子长大之后发现自己并没有什么想象力，也不是小天才，就是个普通人时，他的心理落差会很大。

无条件的积极关注指的是给予无条件的爱，而不是不分是非的夸赞。即便是批评孩子，家长也要让孩子明白，这是对事不对人，"我现在虽然否定你某些不好的行为，但是我依旧爱你、接纳你"。这样孩子就会觉得自己无须在家长面前隐藏那部分"不够优秀"的自我或是引起父母"爱的撤回"的自我，进而可以自由地体验"全部的自我"，自由地把错误和弱点都纳入自我概念，最终实现自我接纳。

当然，这都是针对未成年人的教育建议。对于一个缺乏无条件积极关注，或者饱受生活打击、此刻正感到压力的成年人，不分青红皂白的夸赞与表扬还是有疗效的。

在心理咨询中，罗杰斯提出了以人为中心的心理疗法，其核心就是给予来访者无条件的积极关注，对来访者的言语和行为的积极面、光明面给予有选择的关注，利用其自身的积极因素促使来访者发生积极变化。

所以我们身边有一个擅长拍马屁的朋友很重要！你可以大方地对他们说："快来表扬我！"

反思和被洗脑的区别

我们常说"兼听则明，偏信则暗"，但有些语言暴力就是裹着"提建议""批评"的外衣出现的。比如曾经有一则社会新闻：一位女生在男友长期的贬低、洗脑和精神虐待之下，最终不堪折磨，自杀身亡。

说起虐待，大家首先想到的可能是身体上的虐待，而忽视了另一种虐待——心理虐待。在心理学中，心理虐待是指施虐一方使用长期的精神暴力、言语暴力、情绪暴力，通过羞辱、无视、孤立、冷战、贬低、咒骂、威胁、污蔑、中伤等方式，对受虐一方的精神和心灵造成严重伤害的一种行为。

心理虐待可以存在于情侣、亲人、朋友、同事与上下级等各种人际关系中。它可以是情侣、家人之间的找碴儿、冷战，可以是朋友之间的贬低、羞辱，也可以是职场中的孤立、中伤。

不要小瞧心理虐待的伤害，它虽然不像拳打脚踢那样会在身体上留下伤疤，但它一样可以令一个人的精神世界伤痕累累。它对一个人的精神摧残往往是毁灭性的，它会让人的情绪全面崩溃，可以让一个原本身心健康的人厌恶自己、厌弃世界乃至对人生感到绝望。

心理虐待中施虐方并不是一上来就明显施暴，而往往以值得信任的好人姿态出现。他们披着"为你好"的外衣，等受害者对其产生了好感、信任或是依赖的心理后，再逐步渗透、逐步升级，通过上述那些行为来"驯化"受害者，不断践踏受虐方的自尊心，摧残受害者的意志，让他们产生一种"我是不是真的做错了"的感觉。长此以往，受害者在这样的"反思"之下，往往会自轻自贱、自觉低人一等。

为此有人担心地问我："我发觉我就是一个很容易被别人说服、很会自我反思的人，我真的很害怕遇到一个精神虐待的施虐者。万一他对我进行洗脑，我会不知不觉地被他牵着鼻子走。"

首先我们要明确一点，反思不是坏事，善于反思是一种很宝贵的能力。一个人能够对自己先前的判断或行为产生怀疑，说明他能够兼听则明；对自己此前坚信的观念动摇，则说明他具有辩证的、动态的思维能力，能够去思考不同角度的观点。反之，越是缺乏认知能力的人，越是对自己坚信的东西拥有绝对的自信；越是刚愎自用的人，越是听不得不同的意见，否则就会启动防御性攻击。

但是，对一些内心不够强大，自我同一性不够稳定的朋友来说，如果没有一个坚定的自我认知，过度"善于反思"就很容易将自己带入沟里，分辨不出哪些反思会变成好事，哪些反思会让自己走偏了。

有些人本来具备正确判断，但是在有害的亲密关系中被扭曲的观点洗脑和影响了，反而会因为善于"反思"放弃了原来正确的价值观和判断力，推翻了原先良好的自我认知，陷入自我怀疑、自我贬损，甚至自我伤害。

如果拿不准身边人对你的批评到底是在帮助你反思，还是在对你洗脑，你就可以时时想着一点：反思的意义和目的是什么。

反思的意义和目的是让自己变得更好，而不是否定自己的价值。

比如有人攻击你喜欢的东西，你该怎么办？你是坚决不被对方影响，和他大吵一架，还是立刻进行"反思"，把以前喜欢的东西全部否定，将其曾经带给你的快乐时光、将自己的眼光甚至自己也一并否定呢？

我觉得，你可以接受"我喜欢的东西就会有人不喜欢"的事实，但你没必要因此否定自己的价值观，改变自己的喜好，甚至影响自己的心情。

接纳被否定，但是坚定地让自己向更好的方向去努力。你可以动摇，但不必因此说："我以前错了！我喜欢过的东西都是垃圾！"你可以这样想："我有必要因为别人的否定去改变自己喜欢的人和事吗？"既然不是，何必困扰？继续享受你的心之所悦带给你的快乐，不好吗？

如果对方提出的观点不仅仅是"喜欢""不喜欢"这样不那么尖锐的话题，而是尖锐对立的观点，该如何判断哪些观点是对的，哪些观点是错的呢？

针对这种情况，我的建议是，跳出争论点，想想以下几个问题：

- 反思的意义是要让自己变得更美好还是更糟糕？
- 反思的目的是获得快乐还是陷入困扰？
- 反思并努力之后你感到更幸福了还是更痛苦了？
- 反思的结局是走向成功还是走向毁灭？

在具体的个人语境中，或者在一段私人关系中，不要深陷"对错"的辩论陷阱无法自拔。个人语境中的"不要辩论"，不同于公共话语权的争夺，所以不要将我的观点曲解为"女性应该沉默"或"不要转变部分人的极端观念"。这里说的是在私人语境的具体个案中，如何不掉进对方设置的思维陷阱，不要被对方的观念绑架。

因为陷入"对错"的辩论之后，往往是谁会狡辩谁就占据控制权，不善辩论的一方只能被牵着鼻子走。

只要你不遵从对方歪理邪说的道德，就不会被道德绑架；只要你不领会对方的强盗逻辑精神，就不会被精神控制。

当你开始和他辩论、试图改变他的认知的时候，就已经掉进一个陷阱了，最后就变成了看谁更会辩论，输掉辩论的那一方就会受到精神上的困扰。如果你是能上擂台打比赛的最佳辩手，可以好好地教他做人；但如果你是一个很容易被对方绕进去的人，一旦开始掰扯就容易掉进陷阱。

当然，你也有可能赢得这一场辩论，可你能辩赢天下所有人吗？辩赢所有人，在这个观点上称霸天下，是你最终的人生目标吗？应该不是吧！首先，从实践层面不可行，你不可能让全天下的人都和你的价值观保持统一；其次，大多数人也不会把"让全世界人的价值观都和我一样"当作人生目标。

所以我才建议，你没必要揪着"我喜欢的东西为什么有人讨厌"这类观点去和某个三观不同的人较劲，更要警惕在一段亲密关系中被这种不同观点诋毁和控制。因为在亲密关系中，如果一方很善于控制，那么他很容易切断伴侣和外界的观点交流，让他的观点成为伴侣唯一的价值观塑造来源。在这种有害关系中不停地辩论、吵架、纠缠，很容易让人越陷越深，因此深陷这种关系的人需要意识到这是一种"辩论陷阱"，尽快让自己回归理智，客观清醒地观照自己的内心和状态。

你如果还是觉得自己做不到不去和某个人辩论，因为看到自己喜欢的人被别人讨厌，就忍不住要反击，看到和自己观点相左的人，就想矫正他的观点，这其实说明你的内心对这个问题是惶恐的。

就像有些男性辩论"女性该不该物质"，质问"有钱了不起啊"，是因为他们内心相信"男人有钱才会有女人爱"这个观点，并且为自己没钱而惶恐、愤怒。同理，有部分女性认为不允许任何一个男人有处女情结，否则女人就不会有好日子过，其实她在潜意识中预设了"女人的幸福由男人掌控"这个前提，并为此焦虑。

所以，读万卷书，行万里路，不要只和某一个人交流——尤其是亲密关系中的人（比如父母、伴侣）。多和不同的人交流，可以让你看见很多自己原来看不见的东西，发现自己原来想都没想过的事情。

仪式感的积极作用

很多从小就认识我的朋友都说，我的性格改变了很多，比以前热情开朗了，也有了生活气。这是鹿老师对我的影响，她将我拖出了宅男的世界。

曾经的我活得非常懒而粗糙，生活模式极其简单，可以说只要一台电脑、一张床、一口吃的，就可以一直无忧无虑地活下去……

但她活得还挺讲究。"二月二，龙抬头"时，她一定要拖着我去理发，说是要让新鲜的阳气滋养我的每一根发丝；清明节拖着我去折杨柳枝，然后大晚上拉着我讲鬼故事；桂花飘香的时节拖我出去摘桂花，回来用白糖腌渍起来等着中秋节吃大闸蟹、喝桂花酒；春节将至的时候又拉着我去买红纸，铺开文房四宝，爬上爬下地自己拟句子写对联……除此之外，更不用说每逢任何一个重要节日都张灯结彩地布置一番家里，每实现一个小目标总要开香槟庆祝一下。

一开始，我觉得这些是多此一举。"有这个必要吗？""不嫌麻烦吗？""你其实知道二月二理发和二月三理发并没有什么区别，对吧？"但日子久了，我竟然会在那个特定的日期到来之前，心里生出小小的期盼来。盼着白露那天对坐泡茶看书，盼着立秋那天烤鸡焖肉贴秋膘，盼着下雪天支起铜锅涮肉片……后来我明白了，这大概就是传说中的仪式感。

《小王子》里有一句话：仪式感，就是使某一天与其他日子不同，使某一刻与其他时刻不同。"如果你每天下午4点钟来，那么从3点钟起，我就开始感到幸福。如果你随便什么时候来，我就不知道在什么时间准备我的心情。"

有人说，有仪式感的人生，使我们切切实实有了存在感。不是为他人留下印象，而是自己的心在真切地感知生命，充满热忱地面对生活。

仪式感可以给生活带来什么？从社会心理学的角度来说，仪式感能够带给我们两件事，一是信念，二是归属感。信念其实带给人的是一种确定感，比如"我不知道这段婚姻会走向怎样的结局，但看这周年纪念日的阵仗，我猜应该还不错吧。"归属感则更加增强了身份认同和自我意识，比如"我们都是华夏子孙""今夜，我们都是武汉人"。

很多仪式行为的背后都来自焦虑或不确定性，而通过仪式行为则可以对抗这些不确定性，从而达到提升信念和增强归属感的目的。

提升信念

民间有用柚子叶洗手驱逐霉运的习俗，香港地区至今还保留着在出狱后、从医院回来、参加葬礼后或比赛前用柚子叶蘸水洗手或淋洒全身的风俗，他们认为此类仪式能够带来好运，助人开始新生活。

古人重视节气和时令，对待季节更替也都是郑重其事，不仅饮食有讲究，还要拜神斋戒，改换服装颜色以"送春""邀春""迎夏"……实际上，这是希望通过各种仪式来消除对天灾人祸的恐惧，表达生生不息的美好愿景，给生活增加一些期许，让日子更有盼头。

而庆祝生日、庆祝新年在一定程度上也来自不确定性。因为不确定以后还会不会有这样的好日子，所以一方面是享受当下，今朝有酒今朝醉，另一方面也暗含着对"年年有今日，岁岁有今朝"的期待。

增强归属感，增进人际和谐

不管人们身在何处，只要一听到国歌、看到国旗，一种庄严肃穆感和民族自豪感就油然而生。这种仪式感有利于加强群体的凝聚力，增加族群的整体战斗力，减少外敌入侵的风险。

可能有人要说："我就愿意活得糙一点，懒得做那么多仪式。""仪式感到底能给我带来什么具体的好处呢？就算我把生活过成诗和远方，年终奖也不会多一点啊！"

各位读者还是听我一句劝，因为仪式感可能会让人延年益寿！

早在 20 世纪 70 年代，心理学家就开始研究具有重要意义的日子（例如生日或宗教节日等）与人寿命之间的关系，并提出了周年反应假设。何谓周年反应？就是在重要日子前，个体寿命会被暂时延长，即真正的延年益寿。研究显示，人们在生日前的死亡率会降低不少，而生日后一周的死亡率则会提高。

当然心理学最有趣的地方就在于，你永远都可以找到和你结论不符的数据。后来该假设又被很多人举出反例来驳斥。

于是研究者开始寻找背后的可能原因。其中有一个解释我认为比较靠谱，即节日的重要性或者对节日的期待程度，可能影响个体的生存意愿。比如，千禧年新年前夕死亡率比其他年份新年前夕的死亡率要低，而一进入千禧新年当日，死亡率立刻迅速升高。因为元旦年年有，千禧年的元旦可是千年等一回啊。这就是节日的重要性对个体生存意愿的影响。再比如，儿童（对生日更期待）的周年反应效应要远远高于成年人，很多患重病的儿童往往能撑过临近的生日，而这个效应在成年人中出现的概率会更低，这可能是因为成年人更不喜欢过生日，而小朋友往往很在乎生日。同理，"生日前死亡率降低而生日后死亡率上升"这一周年反应效应在女性中也更为明显，在男性中则不那么显著，可能是因为大部分男性真的不太在乎节日仪式感吧！这就是对节日的期待程度对个体生存意愿的影响。

治愈是一件经年累月的事

成功人士的"身心灵修"课程曾兴盛一时，但这类课程鱼龙混杂，甚至不乏精神控制或诈骗等违法犯罪行为。之前有新闻报道一位成功人士在参加此类课程时猝然离世，令人唏嘘不已。

我想谈一谈对于这类"身心灵修"课程的看法和态度。

成功人士也会受骗

很多参加这类课程的成功人士，就像大家口中的范本一样——有事业，有财富，同时还能兼顾家庭；甚至有科技相关的行业从业者，具备较强的分析判断能力。那么，他们为什么会去参加这类骗钱洗脑的课程呢？

其实大众对于"成功人士"或者"有钱人"存在一个刻板

印象，认为他们都是高能力的（包括高智商、高情商），怎么可能被骗呢？但是一个人会赚钱、会搞事业、高智商、高情商，不代表他一定是个"身心健全的、人格稳定的、内心完全没有冲突的、自我丰足的"人，即心理学上所称的"心理功能完善"之人。换言之，如果一个人能够满足自己的心理需求、自我评价稳定、不需要外在的认可，即便他富裕也不会被别有用心的机构钻了空子。

请注意，我并不是在批判受害者，不是说因为他们心理功能不完善活该被骗。心理功能不完善不是错，更不是原罪，有这类问题的人正是需要正规心理学提供支持与帮助的对象。

但正是因为有这样的需求，他们才会被一些骗钱洗脑的机构或个人利用。骗子的目标受众并不只是低能力的人，他们抓住的是人性的弱点。我相信参加这类课程的人一定是对自己的某些方面有所怀疑，内心有缺失，才想要去填补它，想要去完善自我、提升自我。

避免掉进精神控制陷阱的关键

真正的心理学并不是神乎其神的，但可以解释很多现象，也可以帮助一个人自我成长，甚至自我救赎。但是这种救赎绝对不是"侮辱你、摧毁你、拯救你"的精神控制。

我也经常说，一个人对自己的认知可以"推倒重来"，可以"置之死地而后生"，但我说的"推倒"和这类机构宣扬的是完全相反的。我说的是，要推倒错误认知，而不是推倒自己，然后再重塑合理的认知。

我一直倡导人本主义心理学大师罗杰斯的观点，"改变"是建立在"全然的自我接纳"基础上的。这个"接纳自我"的大前提意味着，你可以自己决定改变或者不改变，二者都没有问题。不论是"即使我放弃抵抗，不作为，也不会发生想象中的可怕后果"的"置之死地"，还是"无论我做出多大程度的努力，都是最好的改变"这样的"而后生"，它们都是在完全接纳了"自己的不完美"之后，再建立更理想、更积极的自我。

而精神控制的核心就在于让你"不接纳自己"。所谓的侮辱你、摧毁你都是在给你制造焦虑感、紧张感和压迫感，只有你完完全全地不接纳自己和自己的状态之后，才迫切需要他们的"拯救"。不然你接纳自己、喜欢自己，他们还拯救什么呢？

正规的心理学疗愈都重视激发个体本身的主观能动性。你看不到自己有改变的能力，心理咨询师会从旁观者的角度来告诉你，你可以。

至于"重塑身心"的精神控制则会告诉你，你不行，你很差，先把你忽悠瘸了，再把拐杖卖给你。

治愈是经年累月的事

曾经有一个读者问我，他 14 岁的儿子沉迷网络、逃课、拒绝沟通，而他作为父亲，从小和孩子接触很少，交流基本上是骂。

根据他的情况，我提了几点意见：先避免说教，要和孩子先成为朋友，慢慢走进孩子的内心，逐步了解他现在成长中遇到的挫折是什么，然后想想以你的身份怎么辅助他解决这些难题。而且，解决也得循序渐进，别一下子先把网络掐断，哪怕你先从陪着他玩开始。如果你扮演不了这个角色（毕竟孩子对爸爸已经有抵触心理），你可以委托一个他信任的人（这个人可以是他敬重的某位长辈，或者是他喜欢的某个哥哥姐姐）来做这个工作。

大概过了十几个小时，那位父亲发来消息："老师，我试了您说的办法，不管用。我已经决定了，送他去网瘾学校，在这儿跟您说声对不起了。"

我当时真的被他气得无话可说，只好告诉他："你没什么对不起我的，你对不起你的孩子。你花了 14 年造成现在这样的局面，现在你想解开这个症结却连 24 小时都等不了。"

冰冻三尺，非一日之寒。心理治愈是一件经年累月、润物无声、慢慢渗透的工作。

鹿老师说，她从认识我开始接触心理学，花了 11 年的时间才将自己的重度焦虑变成了轻度焦虑，而且现在还会反复。

我的读者经常来信，把我当作老朋友一样诉说自己的变化。他们都是阅读了很多书，咨询了很多医生，也看了我的很多文字，才渐渐有了领悟，一点一点地变好。这些留言中描述的变化，其时间跨度常常是几年。人生境遇时起时落，他们的情绪状态也时高时低，这都很正常。虽然我不一定每个人都回复，但是我觉得自己就像一个见证者，看到他们慢慢自我疗愈的过程非常高兴。

所以，不要着急，慢慢来，心理疗愈不是包治百病的大力丸，不可能仅靠几个招数，或者在短期内就立竿见影。

天价智力开发班、天价养生保健品、天价成功学培训班和天价"身心灵修"自我提升课等，其背后折射的是不同群体的焦虑，而一些不良商家恰好抓住了这种焦虑的心理，给人们一个"只要舍得花大钱，就能快速地治百病"的承诺。

"天价""速成""包治百病"，符合其中两点，基本上就不可靠。我以前说过很多遍，去正规医院看病，开点抗焦虑、抗抑郁的药，要不了几百元；去买本正经的心理学图书，也就几十元；去看一些正规学者做的科普讲座，还是免费的；而国家认证的正规学位课程，学好几年也就几万元的学费。

正规的课程，其价格符合市场经济，但不能包治百病，同时需要自己付出努力，慢慢领悟，才能逐步提升。

而心灵骗术，他们让你相信大力出奇迹，但充其量，最多就是个大力丸。

走出恨意，过快乐人生

以下是一位读者的来信：

　　我昨晚暴哭。昨天突然意识到，我病了。我和渣男恋爱八年，初恋，分手后用了7年疗伤，前后15年。昨天暴哭完，突然迷茫，15年的人生就这样蹉跎了。

　　他当年劈腿，"小三"怀孕，他和我分手4天就和小三结婚了，把我拉黑。这7年，我出过事，他有能力帮我，却视若无睹。我非常难过，8年情义不如他身边养的一条狗。

　　我最痛苦的点是不公，渣男现在开公司、住豪宅，和"小三"生了两个孩子，一家人其乐融融，而我却一无所有，又穷，又孤单，一个人承受着长久的疼痛。我陪他走过奋斗的日子，他买了海景豪宅，我一天都没住过，就让"小三"坐享其成了。有时候特别希望有报应降临在他头上，可是眼睁睁地看着他生意越做越大，分公司开了一家又一家。我知道他有一些违法行为，但是也不敢举报他，一是没证据，二是怕他报复我。

当年他劈腿，我和他吵架，他打了我5个巴掌。我当时被打蒙了，没有还手。如今难过，我当时如果打回去，或者找人打他一顿，估计也不会把伤害扩大了，可惜没有如果。

我不知道该怎么消解这种愤怒，我想过去找他打一架，释放当年没有释放的愤怒，可是每次又觉得没必要，但是心里的难受却与日俱增。

这7年我活成了他们生活里的小丑，我不停发短信骂他，他拉黑我，我换个号继续骂。他和他老婆都说我是神经病，现在都不回我了，然而这种"冷处理"让我陷入更大的愤怒。我上瘾了，我发现我有病。我周围的人也都说我太偏执了，说我怎么就翻不了篇了。

我得了暴食症，看了心理医生和神经内科医生也没有治好；我恐惧人群，甚至无法社交；我自杀过，跳河，但竟然无师自通地学会了游泳。

这7年我像偷窥狂一样去窥探他生活的一举一动，认识他身边的每个人，我疯狂地关注他，我希望他倒霉，我还去烧香拜佛，希望他进监狱，希望他被仇家报复。我知道我的行为都是病态的，我恨自己没用，我活得像个疯子一样，他还是好好地过着他的日子。

我心里难受，可能是他一直没给我一个交代。我想彻底治好自己，该如何处理？

看完她的遭遇，我非常理解这种没有得到消解的愤怒。她并不是对他余情未了，她只是想要一个说法，给那段过去收个尾。前任男友欠她一个解释，但他不给这个解释。她纠缠、痛苦，他倒像"人间清醒"似的，保持着已婚男士和前女友应有的距离，这种"理智"和"冷静"反衬得她像一个跳梁小丑。

但是转念想想，这本来就是他犯的错啊！8 年的付出，换来了身体和情感的背叛外加 5 个巴掌，这事儿搁谁身上谁不生气？坏事儿他做了，坏情绪他用大嘴巴子抽别人来发泄，他当然情绪稳定了。气都是她受的，可不就是她歇斯底里吗？他没有受伤害，当然冷静了。被伤害的人，内心的委屈、压抑、愤怒统统无处发泄，冲不破的情绪全部郁结在她心里，所以才会失控。情绪失控连带着生活失控。

我非常理解她的愤怒，它是完全合情合理的，不是她偏执，不是她"神经"，不是她病态，她没有做出任何实质性的伤害对方的事情，谈何病态？她的行为没有错，更没有病，只不过是任何一个受到伤害的人都会有的应激反应罢了。

如果她能通过合法的、保证自己安全的方式去报复他，可能会缓解她的痛苦，也有人这么成功干过。但不是所有人都有能力去实施完美的报复计划的。如果没有能力打败对方，那要怎么办呢？活在恨意中的人，就只能把自己毁掉吗？

接纳自己的恨意

不必说服自己去原谅伤害自己的人，因为他们不值得原谅。

很多人往往会混淆"原谅他"和"放过自己"这两件事，所以很多受害者的内心是无法原谅加害者，但做出来的行为却是不放过自己。很多局外人也会混淆这两个概念，他们说她偏执、疯狂，也许原意是想叫她放过自己，但是听着都像是要她接受"过去的事情就让它过去吧"。

加害者当然是往事随风而去，受害者可以选择继续恨他、继续骂他，只要不违法，不伤害自己，怎么恨都不为过。

恨意是正常的，不必因此感到羞耻，更不用给自己贴上"病态"的标签。

接受自己的无可奈何

她最痛苦的点是"不公"。但人生很多时候就是这么不公平，在这些不公平面前，我们非常无力。从这位读者的叙述看来，加害者胆大妄为、没有底线，甚至有违法行为。他劈腿、玩弄感情，但是儿女满堂。而她呢？胆子小，心又不够狠，也做不到像他一样无底线。所以在他们的斗争中，她自始至终都处于下风。

有时候恶人就是活得好好的，我们没有办法让他们遭到报应，但也不必恨自己"好没用"，不必自责。恨他就好了，不要恨自己。有的时候恶人很强大，打不过也是人之常情。

如果他有罪，那么惩罚他的应该是法律和更强大的力量，而不是由她这个小小的个体来替天行道。他们本来就不是同路人，只不过命运让他们偶然相交了一段时间，现在的分开才是回归正轨。说得更直白一些，他就是在贫贱之时骗一个姑娘为他付出、陪他奋斗，发达了再换一个能满足他虚荣心的妻子来"装门面"。她以为是命运的不公，其实这不是命运的安排，而是他充满恶意的人生计划的一部分。

放过自己

正义并不是总能打败邪恶，但是用毁掉自己的方式去和命运斗争，是不可取的。

我说过受害者可以恨加害者，但是恨他和爱自己并不矛盾。

她可以一边恨他，一边让自己的生活好起来；可以向他讨一个说法，但是要说法的同时不能耽误自己人生的进程。

我知道这不容易，但是要一步一步来，只要现在的自己比过去好，未来的自己比现在好，就行了。

很多人的生活失控，有一个很重要的原因就是目标定得太高，比如希望加害者遭报应。但其实不必以"笑着看他哭"为目标，太高的目标，反而容易让人因为太难实现、一直得不到正面反馈而使人崩溃，导致人生失控。倒不如确定一个比较容易实现的小目标，这样才能得到"即时的正向反馈"，鼓励自己一步比一步走得更好。

比如，可以试着积极起来，改善自己的生活境况，交好朋友，认识适合自己的同道中人，找适合自己的工作，做有意义的事。哪怕只是把家里整理干净，把自己养得健健康康的，认真感受周围生活的美，也是一种进步。如果你发现自己被困在恨意中无法前行，其实需要跳出来，好好规划一下接下来的生活，包括事业和人际关系。

当"报复"的执念很深时，往往是在一个人境遇很糟糕、很低潮的时候；等把自己的生活过好了，就会发现人生中值得付出的事情很多，重要的事情很多，而报复对方这件事，也许没有自己想象的那么重要。

真正接纳自我

在聊到关于焦虑、抑郁的话题时，我提到过正念、冥想，于是很多人问我，说自己在冥想的时候不得要领，希望我讲一些冥想的方法。

由于我是个心态平和、情绪常年稳定的人，并没有那种"心态从坏到好"的直观经验可以分享，但是我可以推荐"一线体验官"鹿老师，她是祖传老失眠、资深老焦虑、重度老拖延。下面是鹿老师的现身说法。

了解我的人都知道，我是一个非常焦虑的人。用张昕老师的话来说，我总是具有一种"不合理的灾难化的自动思维"。比如：

- 我会在午夜梦回的时候突然"惊起"，开始担忧自己将何去何从。

- 我会在入睡前想到孩子将来长大后可能要面对的种种难题，愁到睡不着觉。
- 我会在出差的前几天开始充满恐惧地想象各种意外、灾难……
- 我会在被读者认出来时突然开始社交恐惧，感到无地自容，觉得自己不配被他们喜欢。
- 我会在临睡前突然想起几年前的糗事，然后尴尬得用脚趾抠床板……
- 我常常会有一堆计划，然后因为没有按预期完成而焦虑。

更要命的是，我越焦虑，还越拖延。比如，早就和张老师约定好一起写书，结果拖了几个月只保存了一个标题为"写书"的空白文档，然后又因为拖延陷入无尽的悔恨，进而更加焦虑、更加拖延。

张老师说，你的问题要解决其实很简单：第一，不要去想那些与当下无关的、当下没发生的事情（说到底，焦虑就是在懊恼过去，担心未来！），只活在当下，活好当下。第二，做到全然的自我接纳，不仅是接纳自我，也接纳"我"的一切状态，否则你就会整天胡思乱想。

我说，道理我也懂，然而并没有什么用。我就是做不到关注当下和自我接纳。

于是他开始带我去参加一些正念课程，陪着我一起练习冥想。一开始我的体验还是不错的，但后来我发现这种课程对懒人太不友好——每次只要想到我还要洗头梳妆，穿戴整齐地通勤那么久去上课，我就更加焦虑了。

后来我又开始在网上寻找一些有助于放松的音频、视频（比如吃播、白噪声、轻声耳语等）。说实话一开始放松的效果很不错，经常看着看着就睡着了。但是后来我逐渐免疫了，经常搜一晚上也找不到让自己满意的视频……

于是，我又尝试通过正念认知疗法的线上自助心理干预来帮助改善我的焦虑、失眠、抑郁等状况，这一类的应用程序或者线上课程很多，大家可以选择一款适合自己的进行尝试。

说一说我的使用感受：

第一，说几万遍"不要想太多"都没用，但正念练习有用。我一般选择临睡前完成冥想的训练。第一次练习的时候我选择了下午，可能是太累了，结果跟着指导语放松得睡着了，反而影响晚上的睡眠。后来我明白了我的误区在哪里，我一直以为冥想是催眠的放松，但其实它是清醒的放松，反而更适合在清醒的状态下完成。这也是很多人对冥想的常见误解。可能很多人和我一样，睡不着通常都是在想乱七八糟的事情，通过正念练习，我的注意力就会集中在呼吸上，放下那些乱七八糟的想法。清空了这些杂念，觉察到身体的疲惫，自然而然就进入放松睡眠状态。

即使是临睡前的训练，也不要抱着太强的目的性。不要想着临睡前冥想就是为了睡着，没睡着又开始着急。这样就适得其反了。冥想完毕如果还是睡不着，那就不睡，别太当回事儿。

第二，情绪书写的部分，让我感到心定和踏实。有些正念课程除了放松训练，还会让我们每天书写，记录当天发生的事情，并且觉察当时的情绪，最后给一天的情绪做个小结。比如：

时间：早上 8：00

事件：喝一杯柠檬水，吃早点，浇花，扫地，冥想

情绪：满足，平静

一开始我其实不得要领，总想刻意地写一点正能量的东西。后来我发现，刻意的正能量是自欺欺人。写给自己看，又不是写给别人看，难道还要压抑真实的情绪吗？但是书写负面的情绪又让我很烦躁，因为我不想把苦恼的事情一遍遍在心中、在纸上强化。

连续进行了几天正念练习和情绪书写之后，我突然顿悟了，正念训练一直强调的书写要义就是对自己诚实。

这种书写的重点和冥想一样，在于"只觉察，不评价"。可能因为以前干惯了文字工作，我一提笔就开始起范儿。但正

念书写不需要文采，不需要意义，什么都不需要，只需要"觉察某个当下"。

于是我开始专注于当下的雨声，专注于当下的花香……不仅如此，我还开始整理生活中做过的和要做的小事：昨天整理了衣柜，今天吃完了药瓶中的最后一颗维生素 C，明天准备写完一篇很重要的稿件……当我把一件件小事整理出来的时候，我突然觉得细碎的小事、烦躁的情绪也得到了整理，这让我感到踏实。

而且我发现自己可以做到心定而专注。发现这一点是某天早上刷牙的时候，我发现自己在认真地感受牙膏的薄荷香气。那种带点刺激的薄荷味在口腔中爆发，穿过鼻腔，直冲脑门，不仅安慰了我的味蕾，也抚慰了我的神经。回想从前，我好像从来不能只专注于一件小事。我以前刷牙的时候，从来没有去感受过牙膏是什么味道。我可能会在刷牙的时候想着孩子篮球课要办理退课，走在路上的时候又想着哪篇稿子到了截稿期……但现在我会告诉自己放空，走一段路就好好地走这段路，觉察一路的鸟语花香、食物香气、鼎沸人声……其他什么都不想。

第三，比"坚持"更重要的是"启动"。正念练习要注意一个概念：不必强调"坚持"和"严格遵守"。今天有事儿耽搁了，没做，不要紧；训练过程中胡思乱想了，没能放松下来，也不用自责。我的心得就是"走神了也没关系，不必着急评价自己"。

这种心态看上去可能很不作为，但其实有它的道理。因为对我这样既焦虑又拖延的人来说，完成一个周期的正念练习最难的不仅是"坚持"，更是"启动"。

因为我平时脑子里全是事儿，如果把这件事再当作一个新增任务，反而会更焦虑、更拖延。其实这一招儿我在其他事情上也经常用——对于坚持不下去的跑步，我就告诉自己"干脆我跑完今天，明天就不跑了"，结果竟一天天坚持下来了；对于无法启动的文章，不要总想着"我今天无论如何都要写一章内容"，反而是每天不经意地写一点，哪怕只写一页、写两行，都比设定一个宏大目标而迟迟不开始要好。不要设限、设目标，不带着压力反而能自然而然地开始。

这种"哄着自己开始"启动的方法对我很适用。

第四，接纳自我不是靠没来由的顿悟，"顿悟"是要靠练习的。焦虑患者大多数的烦恼都来自想得太多，如果能做到只专注当下，大脑就会放松很多。当大脑放松下来，我就慢慢理解了张老师所说的"接纳不仅是接纳自我，还包括接纳自我当下的状态"。

接纳自我是一个长期的过程，我花了好几年学会欣赏自己的一切好与不好。相比之下，接纳自我的当下状态可能不太好理解。我以前认为"接纳"等于"自欺欺人"，是"放弃治疗"。但后来发现并不是，因为我发现"接纳"带来的改变不是"放弃"，而是让事情变得"安然有序"。比如，我睡眠不太好，有时候是到半夜 2 点还睡不着，而有时候入睡倒挺好，10 点半就睡着了，可是睡到 2 点多就醒了，然后再也睡不着。以前遇到这种情况，我会强迫自己入睡，却又办不到。越焦虑越睡不着，甚至可能会通宵失眠，想想自己一晚上躺在床上，既没有休息，又没有完成任何工作，越想越沮丧。

现在我遇到这种情况，干脆不睡了，在家中开启了一段"夜间旅行"——起来打扫屋子，把脏衣服丢进洗衣机，打开电脑开始写稿（夜间还真是文思泉涌），写完稿正好晾衣服，然后发现只花了两三个小时，距离天亮还早，干脆敷上面膜再泡个热水澡，最后涂好指甲油，等它晾干的空隙一边看书，一边等家人起床。

7 点钟，张老师起床了，我告诉他这一夜所做的事情："我突然感觉我的人生好像多出来了 5 个小时，有种占了大便宜的愉悦感。"他说："这就是我一直跟你说的全然接纳当下的状态啊！睡不着干脆就不睡，起来想干什么就干什么。"

我不知道这个突如其来的接纳和正念训练有没有直接关系，但这确实是我学会放松之后顿悟的一件事情。

后来，我了解到正念减压疗法创始人乔·卡巴金关于正念练习的基本态度才意识到，"接纳"的顿悟前提是一次又一次的练习。

当然练习的前提是，你意识到需要摆脱惯性。如果你也和曾经焦虑的我一样，认为"每天要做的工作那么多，有那么多烦恼需要尽快解决，怎么可能有心情安排半小时的放松"，那么，这本身就是一种需要调整的状态了。

另外，除了进行专门的正念练习，在生活中我也会借助一些小事来帮助自己"关注当下"。比如，晚上睡觉前，我会把一天穿过的脏衣服丢进洗衣机，把碗放进洗碗机……早晨起来，我会打开所有门窗透气，修剪花草，扫地清洁。这些看起来很琐碎的日常工作其实也是一种专注训练和放松训练。特别是像浇花、修剪枝叶这样的事情，之所以能够修身养性，就是这类任务不需要过度用脑，不会让你的精神情绪耗竭，但又需要专注，能够将注意力从各种烦恼中收回来，集中在当下的工作上。

同理，有些人喜欢通过诵经、抄诗、练书法、捻佛珠等方式来修身养性，也是这个道理。

某些执念可能只是情绪作祟

一天，鹿老师对我说，她心情不好，想去西湖边散散心。于是我订了高铁票，带上她，周末去了西湖边。

坐在高铁上，她一路兴奋地对我说："我有一年在西湖边上看到大片大片的荷花盛开在湖面上，宽阔的湖面，宽阔的荷叶，那一瞬间我终于体会到了什么叫'接天莲叶无穷碧'，大枝大叶大花朵，映着夕阳的样子，真是绝美，看得人心情都开阔起来了。"

我说："所以咱们这次去，还去找那片荷叶和那片荷花吧！"

她说："好！古人有踏雪寻梅，我们今天就踏雨寻荷！我要把荷花拍下来，发到朋友圈，文案就配'接天莲叶无穷碧，映日荷花别样红'。哈哈，是不是很俗套？"

然后我俩就兴高采烈地一路向前了。

没想到寻找荷花的旅途并不顺利，因为下雨，一路上又堵车，路也滑，还迷了路。等我们到达目的地，天已经完全黑了。找了很久，也没找到大片的荷花，而且天色已晚，就算找到，也拍不出什么来了。

回去的路上，她默默地在流眼泪。我问她："为什么找到那片荷塘，或者说拍到那片荷花，对你来说那么重要？"

她说："我们花钱买票，坐了这么久的车，走了这么远的路，不就是为了拍它吗？现在拍不到，我也发不了朋友圈，这一趟白来了。"

我说："怎么会白来呢？我们欣赏了沿途街景，一路看到了数不清的似锦繁花，吃了好多当地特色小吃，漫游了西湖，走了那么多路，锻炼了身体，我今天微信步数排名都提升了。你抬头看一下，好好感受一下，我们可是在杭州啊！杭州美景盖世无双，西湖岸边奇花异草散着四季的清香！"

她说："可这些都不是此行的目的啊……我本来就是来散心，希望开阔的荷塘风景能让我的心情好起来。现在完了，我的心情再也好不起来了，我永远也不会好了。"

我说："你看，你把'心情好起来'这件事的希望建立在拍到荷塘的美景上，但这其实是你主观臆测出来的联系，客观上并不存在这样的必然联系。

"你只是对自己的现状不满意，你觉得生活没能如你所愿，你觉得此刻的人生正在经历低潮，所以，你只是想通过拍到心目中的那片象征着'美好'和'开阔'的荷叶美景，再发到朋友圈这样一个行为，来增加自己的确定感，降低焦虑感，同时给自己一个心理暗示——我过得很愉快，我已经好起来了，我不再萎靡了，我拍到了这么美的荷花，我涤荡了灵魂，找到了内心的平和……

"其实你心情不好，也不是因为荷花不开啊！

"还记不记得你对我说过，你某位朋友和前任在一起的时候会非常在意生日、情人节这样的事情，会提前好久就开始准备，郑重其事，精益求精；然后对每一个环节的执行都非常在意，稍有不顺利，或一点点细节没有按照预期的计划进行，她就会十分崩溃，觉得这个纪念日没有过好，说明日子过得不好；然后就会纠结、失落，会生气、愤怒，会黯然神伤、独自垂泪……

"你那会儿不是也想得很明白，说她哪儿是情人节没过好的事儿，那就是人不对啊。"

她说："是的。可你不是说过，生活里有点儿仪式感不也很好吗？"

我说："有仪式感是好，但是对仪式感太过执念就是另外一回事了。我问你，如果你精心准备了我们的情人节晚餐，可是我突然接到电话要加班，事实上这样的事情也时有发生，你可曾因此崩溃大哭过？"

她说："我没有，也不会，因为等你回来再过也是一样的。今天不回来，明天补过，也很好。"

我说："为什么呢？日子都不对了，仪式感不就被破坏了吗？纪念日不就不完美了吗？"

她说："因为爱对了人，情人节每天都过。两情若是久长时，又岂在朝朝暮暮。"

我说："这就是了。因为你知道，我人就在那儿，家就在那儿，晚餐每天都要吃，今天不行就明天，反正跑不了。你对这段关系有十足的信心，所以就不会把确定感和希望寄托在今晚的仪式上。

"你还记得咱俩结婚的时候吗？你的婚纱都是到婚礼当天才定的。你走进一间婚纱店，直接指着进门第一件婚纱说'就它了'。我问你，'都不挑一挑吗？'你说，'我找到灵魂伴侣了，还在乎穿什么婚纱吗？'"

她说："本来就是啊，我穿什么不美？"

我说："当然了，这也是你身材标准所以穿什么都好看。其实归根结底还是因为你对自己的感情状态很满意，所以看什么都顺眼，经历什么样的过程都是快乐的回忆。

"感情上如此，工作、生活、人际交往等其他事情上也是如此。追本溯源，源头上的问题解决了，还用得着在意那些身外之物吗？

"所以你现在是因为什么事而心情不好，就该从什么事入手，去把问题解决了。等问题解决了，未能如愿的'踏雨寻荷'这点小挫折也就不叫事儿了。西湖就在这儿，跑不了；荷花每年都会开，我们明年再来拍也一样。

"人生总是有起起落落的，不管是事业、爱情、友情还是其他的人生际遇，总是挥别错的才能和对的相逢。仪式感只是生活中的调味品，没有人能把调味品当饭吃。"

我曾讲过，大脑处理难题的方式通常分为情绪导向型和问题导向型。前者主要侧重于缓解不良情绪，后者侧重于解决引起不良情绪的问题。缓解负面情绪是一种比较轻松、简单、可获得的方式，能让人获得短暂的控制感。但是，如果问题一直在那里，那么一味执着于缓解情绪的方式，反而会让你陷得越来越深。

所以，解决问题应该优先于缓解情绪。沉湎于追求情绪的完美，忽视了源头的问题，反而会让人越发钻牛角尖。

如果你也有类似的困扰，因为某件看似不相关的事情而纠结苦恼，那不妨跳出"此山中"认真地想一想，自己的烦恼究竟是因为某件小事情进行得不顺利，还是有什么更深层的根源。

如何自我调节情绪

　　之前有一则新闻报道，大连理工大学一名研究生因为学业压力过大，在自媒体个人账号上留下遗书告别了世界。他的遗书看得我心里难过，现摘录如下：

- 今年真是糟糕的一年，国内国际都鸡飞蛋打的，当初为了逃避工作考了研究生，结果刚考上贸易摩擦就来了，就业形势一下子严峻了起来。今年又赶上疫情，这三年读研期间世界跟闹肚子似的。

- 你能想象一台普通的实验设备正常工作的概率居然不超过三分之一吗？我差点都把"佛祖保佑"几个字刻在它上面了。

- 以前我们组还没出现过无法按时毕业的，为了不打破这个优良传统，那我消失好了。

- 让我下辈子变成某间猫咖里的一只猫吧，野猫也行。

评论区里有的人说他脆弱，说那些也不是什么大不了的事情，何至于自杀。也许是做科研的人能相互理解吧，虽然他表达出来的就只有三言两语，不足为外人道也，但里面点点滴滴、细细碎碎折磨人的压力，我只想说我理解他、心疼他。

压垮骆驼的不是最后一根稻草，而是每一根稻草。

经常有读者私信我，诉说生活、学业、工作的辛苦，我常常安慰他们会好起来的。他们说，你事业有成、家庭美满，哪里能体会到我们的艰难。

其实现在笑着讲出来的，当时都是哭着经历过的。看到这位同学的遗书，又让我想起自己博士毕业的时候。

其实我很早就对自己有比较清晰的职业规划，但是我没有想到在毕业的时候会碰上严重的全球金融危机。当时报纸杂志用的形容词是"百年一遇"。更没有想到的是，我这个小小的个体会受到金融危机的严重波及。

我有大半年的时间都找不到工作，因为我的专业方向，全世界可能就只有两三个职位招人。如果这两三个职位今年都不开放招聘信息，那我就别想找工作了；如果这两三个职位十年不开放，那我都不敢往下想。

再加上当时我的实验也得不到好的数据，论文也遇到瓶颈，我每天都害怕别人问我"博士什么时候毕业""工作找得怎么样了"。而在我找不到工作、写不出论文、每天无所事事的时候，我的妻子鹿老师却正处于工作最难、最苦、最累的时候。

她向我诉苦——收入太少、房租太贵、职场骚扰、业绩压力、地域歧视、性别歧视、身心疲惫、晋升空间狭小、前途渺茫……她问我该怎么办？

我能怎么办呢？我只是一个找不到工作、担忧毕业的穷学生，一点儿办法都没有。我只能眼睁睁看着她扛下经济压力，无奈地看着自己的妻子被别人欺负，自己却只能继续在家投简历。那时候我已经28岁了，我的很多同学已经升职加薪、小有成就，朋辈压力更是加重了我的挫败感。

我想很多年轻人都有过这种经历吧！在自己最无能为力的时候遇上了最想保护的人。

有句话叫"成年人的崩溃只在一瞬间"。有一次，鹿老师加班到凌晨4点才回家，她对我说："我不睡了，6点就要出发去机场，现在还得收拾行李，我怕睡过头起不来。"我对她说："你睡吧，我来收拾行李，6点我喊你起来，我不睡了。"

在送她去机场回来的路上，我胃溃疡犯了，不知道是不是因为又疼又累又困昏了头，把八达通卡（香港交通联名卡）弄丢了。在我们囊中已然很羞涩的情况下，还雪上加霜。

电视剧《沉默的真相》中，主角江阳一直坚强地和各种恶势力做斗争，顶住重重压力也要追查真相，最后竟然因为钱包丢了而情绪崩溃。他哭着说，身份证什么的都要补办。那一刻我太能理解他的心情了。

压垮骆驼的只是一根稻草吗？击垮江阳的只是一个钱包吗？我想是前路的迷茫，是世态的炎凉，是背不动也得背的责任，是屈辱，是窝囊，是活得没有尊严、没有希望。

这段经历我从未对人说过，选择说出来并不是要比惨，而是因为我放下了，同时也想安慰很多正处于迷茫中的同学：一定都会好起来的。别害怕，别绝望，再等一等，转机也许就出现了。

说几点我们在当时的情境下，自我调节情绪的经验吧。

在水坝决堤之前提前泄洪

如果我们把压力看作水流，那自身的防御机制就如同水坝。如果你总是一味地拦坝蓄水（压力），不知道如何正确地疏导，那么水总是在不断地蓄积，当水达到一定程度的时候就有可能冲毁水坝（情绪崩溃），引起决堤（引发心理障碍）。

因此，为了保持堤坝安全（心理健康），就要学会主动提前泄洪（发泄）。比如大哭一场，没有什么不好意思的。虽说男儿有泪不轻弹，但把压力都哭出来是有利于情绪健康的。比如到 KTV 里大吼一顿，去跑步健身，去找个拳击靶子痛打一通。再比如，找个信得过的人或者树洞倾诉，来自他人的社会支持也非常重要。

如果感觉到自己有抑郁倾向，一定要向专业咨询师和心理医生求助，他们会用专业有效的方法来帮助你。不要自己默默承受一切，一定要学会在情绪之弦崩断前卸力！

将眼前的困境放到更长的时间维度里去看

鹿老师当时对我说了一句话，给我很大的安慰："虽然你眼下找不到工作，但是我相信 20 年后你一定是这个领域内的学术带头人之一。"

类似的话也可以送给迷茫中的同学。虽然眼下会有种种困难，但是在哭完了、吼完了之后，静下心来把问题梳理一遍，再一样一样去解决，如此都会好起来的。人生不会总处于低谷，命运不会一直跟你作对，大环境的负面影响不会只和你一个人过不去。

暂时无法高歌猛进的时候，不如低头蛰伏，任凭命运毒打，在挨打过程中反思、总结，问题该怎么解决，摸清门道，掌握规律，等霉运过去了再抬头也不迟。

识别出自己的"反刍"状态

一个人面对巨大压力和消极的生活事件时，总会不停地自问或问别人："为什么会这样？"由此伴随而来的是一种不良的思维方式——反刍。

"反刍"是个很形象的比喻，指把坏情绪、坏事件反复翻出来嚼嚼，但是又没有真的消化。

心理学家苏珊·诺伦-霍克西玛是这么定义反刍的：一个人在不知不觉的情况下，一直循环思考自己的消极情绪，把目光聚焦在坏事发生的原因和导致的后果中，而不能积极地去面对和解决问题。这样就可能造成恶性循环，越反刍越无法集中注意力去应对和处理压力，也越不可能成功解决问题。情绪会因此更加消极，长此以往，导致崩溃。

所以，身处压力之中的时候，更要警觉和识别出自己的反刍状态。一旦发现自己纠结在负面事件和负面情绪中无法自拔，要告诉自己就此打住，不要再钻牛角尖。

情绪低落的时候更要笑起来

我们常说态度决定行为，但是心理学的研究证明，有时行为也可能影响态度。有时不一定开心才会笑，但笑了肯定会令人觉得开心。

当你伤心、低落、失望的时候，故意让自己做笑脸。可以微笑，也可以哈哈大笑，这样做大脑会释放信号，让你觉得自己的心情变好了。

同理，在难受的时候，看一些喜剧、搞笑综艺等解压的节目也有利于情绪疏解。比如当我哭过之后，冷静下来意识到自己陷入了反刍状态时，就会想办法走出消极情绪。有一段时间，我特别爱看日本的整蛊综艺节目，当我看着节目嘿嘿傻笑的时候，真的很解压。

给犹豫是否读硕、读博的同学的建议

近些年，"内卷"一词非常流行。读硕士、读博士的人越来越多可能也是一种内卷的表现。

内卷是指一种社会或模式发展进入平台期后停滞不前，量变无法产生质变，高投入无法带来高增长，边际效益递减的现象。

如果用分蛋糕来打比方，就是在无法做大蛋糕的前提下，只能是更多的人去抢现有的蛋糕，就会导致一些人不管怎么努力都抢不到蛋糕。

博士后的出现，就是因为每年博士的产出量远远超过了每年招聘的教职数，于是博士只好选择继续从事博士后工作。当年我求学时，博士后不是高校招聘的硬性要求，但现在如果没有博士后的经历，连一流高校求职的门槛都够不着。

其实二三十年前，美国就出现了研究生毕业难、就业难，科研人员通道窄、压力大的社会现象，也出现了很多科研人员压力过大、不堪重负导致的情绪障碍、心理问题甚至自杀等情况。而中国因为科研教育事业发展起步相对较晚，所以近十年来才开始出现这种情况。

在此我真诚地给同学们提建议，想要选择科研道路的一定要思考清楚两个问题：这是一条需要耐得住长期寂寞的路，不要冲动、不要随便选择，也不要为了逃避就业压力而选择。

首先，本人要热爱做科研。不要为了赚钱或出名选择科研，虽然坚持下来名利双收的人很多，但更有可能是穷困很久，长期出不了成果。其次，自己要真的具备科研能力。怎样算是具备科研能力呢？比如你很擅长提假设、选议题，能想到前人没有想到的研究点；你愿意沉下心来研究文献，能够从文献中发现新的闪光点；行动力强，能把研究问题转化为可操作的实验，能收集数据、分析统计数据；心理素质强，不惧实验结果不符合预期的打击；逻辑强、口才好，能和审稿人辩论。以上是我的个人经验。当然，不同的科研领域，对科研能力的要求也会有所不同。

经常有人咨询我：我家小孩特别聪明，他做学术研究没问题吧？我家孩子对做学者特别感兴趣，她能不能考你的博士生？其实科研能力和聪明、成绩好等属于不同的能力范畴，是不同的概念，更不是有兴趣就能做到的。比如，我科研能力还可以，但如果做生意我可能会赔本，别说做生意了，就是让我做心理咨询，可能也不如很多本科毕业的同行做得好。反之，不具备科研能力也不代表不优秀、不聪明、不努力。了解自己不具备科研能力并非自我否定，而是对自我有了明确的评估和定位。

先弄清楚自己擅长和不擅长之处，再制定方向和目标——这是个摸索的过程。如果在尝试的过程中发现自己并不适合，及时止损并修正、改变道路，并非不可以。有时候这条道路是慢慢变清晰、慢慢出现在你眼前的，但同时一定要明白自己在任何时候都有选择权和放弃权。

不必对未来迷茫，百步之内，必有芳草。

一边躺平，一边努力

　　中年人面临的是"上有老，下有小"的真切物质难关，而青年人面临的困境则是缥缈但沉重的，他们可能正在经历高考、考研、考公或求职，正处于"身份转换"和"身份找寻"的人生重要关口。

　　我很能理解青年人此刻的困境，因为我当初也经历过，在身份转换的人生关口，遇上了艰难的外部环境。之前我也讲过，我在博士临近毕业找工作之际，遇到了百年难遇的经济危机。当时的我并没有"上帝视角"，不知道自己的待业状态会持续多久，当时我的心情是绝望的。

　　我也能理解中年人此刻的困境，因为我正在经历着。

　　不管是十几年前还是当下，支撑我渡过难关的都是"躺平着努力"的心态，也就是我曾提到的仰泳状态。

　　有人说："躺着怎么努力，我仰泳的时候一放松就沉下去了。"当然，如果你不会游泳，就算理智上知道挣扎只会让肌肉紧绷，下沉更快，求生本能还是使人胡乱扑腾。令人放松的前提，首先是你得会游泳，会游泳才能不紧张，不紧张肌肉才能放松，肌肉放松才能漂浮，漂浮才能蓄力，才有力量在靠近岸边的时候成功自救。这说明我们还是要先停止胡思乱想，好好地练习游泳的基本功。

那怎么才能做到呢？

摆脱自我设限的心态

有人误解我的意思，认为停止挣扎就是放弃求生，是摆烂。强调一下，我所指的躺平是不自我消耗，它不等于摆烂。

摆烂指的是一个人认为事情已经无法良性发展，干脆不再采取任何措施加以控制，任由其往坏的方向发展。而躺平不是鼓励你默默忍受，更不是放弃求生任由事态失控，而是建议你蛰伏蓄力。

停止胡乱挣扎，说的是摆脱精神内耗的状态。因为精神内耗会大量消耗认知资源和心理能量，使人处于精神极度疲惫的状态：心理上焦虑不已，行动上停滞不前。

精神内耗指的是由于过度担忧结果不好，内心处于纠结状态，极限拉扯，从而导致行动上迟疑不决，无法迈出前进的步伐。

摆烂看似不内耗，实则正是精神内耗的结局，其实就是自我设限。因为预料到了可能会有不好的结果，所以干脆放弃努力，这是一种不正确的预先保护策略。相反，不内耗是以节省认知资源为目标，对未来保持良好的心态，不再以某个具体的结果（如考学、升职、赚钱）为目标（即时的提升），其终极目标是要提升表现。芭芭拉·弗雷德里克森提出的积极情绪的拓展建构理论就指出，良好的心态可以短期内拓宽个体的注意范围，长时间构建个人资源（就是一个人解决问题的所有能力，包括自身的认知功能，也包括环境中的他人支持等），从而促进个体的成长并提升幸福感。资源节约后并不意味着可以随意浪费，越是珍贵的东西越要充分利用其价值。因此建议将不内耗节省下的认知资源，一股脑儿投入到重要的活动中。

比如新冠肺炎疫情期间，我和鹿老师的工作都受到了很大的影响，我对她说："你不是一直想要写小说吗？正好趁着现在时间多，开始动笔写吧。""可是我怕我写的小说没市场，一想到写出来的东西可能没人看，也赚不到钱，我就不想写了。"她回答。

这就是典型的过分执着于成绩目标而进行的自我设限。我建议她，在写书之前就不要想着出名赚钱的事情，每天写一小节，说不定小说早就写出来了。

再比如如果有人立志要减肥，并设立了减重 10 千克的目标。为此，他在起初的几天锻炼 1.5 个小时，运动几天后称重却发现还重了 1 千克！于是他大受打击，干脆放弃锻炼，躺着看电视、喝可乐、吃薯片。这种时候，不如量力而行地做点运动，哪怕只锻炼半小时，但是只要每天坚持，不去数日子，不天天称体重、量腰围，时间长了，你一定会发现自己出现了各种向好的变化。

摆烂和躺平的区别如下：摆烂，是一边焦虑内耗，一边无所事事；而躺平是一边保持平和的心态，一边按部就班地完成该做的工作。

改变成就动机

在逆境中想要避免落入自我设限的陷阱，就要学会转变成就动机。

一个人的成就动机可以分为成绩目标和掌握目标。前者以取得成绩为目标（比如考北大、赚大钱），后者以提升自我、掌握知识为目标（比如读书、钻研某项技术）。

在顺境下，无论是成绩目标者还是掌握目标者，他们获得成功的机会都高于平常人。毕竟古话说，有志者事竟成。但在逆境中就不同了，原订的计划往往无法按照个人想象的步骤去实施，结果不遂人愿。这种时候，以获得成绩为目标的人一旦失败，就会陷入巨大的挫折陷阱，从而丧失成就动机。而以提升自我为目标的人，失败带来的打击相对较小，因为他们可以从过程本身得到收获。

这就是为什么在逆境中要转变成就动机。如果一个人一味追求结果，并且预期结果难以实现，他很有可能陷入茫然的焦虑而丧失行动力。不执着于结果的人，能够从更长的时间维度去考量当下的问题，最终会发现不断地自我提升，终究会发挥更大的作用。

比如我在博士毕业那年，当发现"找到大学教职"这个目标并不是努力就可以实现的时候，我调整了成就动机，目标不再是"当教授"，而是转向"好好做学问"。我不再设想将来是好是坏，停止精神内耗，只专注于当下的事情：用心读文献、用心做实验、用心写论文。不要因为胡思乱想而耽误了该做的学术工作。后来，当全球仅有的几个职位开放招聘时，我也因为学术表现良好成功入职了理想岗位。

所以我们处在逆境中的时候，不妨试试将成就动机从"取得成绩"转变为"自我提升"。该写书的写书，该画画的画画，该锻炼的锻炼，该考的证去考，练就一身基本功，等到逆境结束时惊艳所有人。

在新冠肺炎疫情的那几年，我采取了同样的方法，将先前

"评职称""赚多少钱"的成绩目标暂时放下，成就动机再次转向"好好做学问"。不去设想将来，是躺平；踏实做好眼下，是努力。这就是仰泳的姿势。

做一些需要专注却不耗费心神的事情

有些同学反馈，自己的焦虑已经到了十分严重的程度，甚至无法上课。那么前文中提到的继续好好工作、学习，对他们来说难度和压力会稍大一些。

这种情境下，可以从一些需要专注却不耗费心神的事情开始，尝试一些改变，比如浇花、打扫卫生、读书等。需要专注，意味着收回思绪，停止胡思乱想；不耗费心神，则避免了占用太多认知资源而加剧焦虑。

在焦虑状态下，就不要想着"我今天要写完三篇论文""看完 200 页书""减重 10 千克"等难以实现的目标，这样反而容易使人陷入自我设限的停滞状态。但也千万不要走向另一个极端——索性没日没夜地玩游戏、刷短视频，这样又会因为毫无意义和没有收获陷入更深层次的焦虑。

比如我和鹿老师隔离在家很焦虑的时候，就从喂鱼、修剪花草、读读诗、练练字等小事做起，它们有助于我们收回思绪，避免胡思乱想，但是又不会占用太多认知资源。

另外，还有一个比较重要的小贴士，就是每天一早就将要做的事情罗列出来，比如：（1）浇花；（2）跟着刘畊宏跳20分钟健身操；（3）敷面膜；（4）打扫卫生，整理收纳；（5）煲汤；（6）洗碗……每完成一项任务就打一个钩，这样做很关键！因为给任务清单打钩的过程，就是获得成就感的过程。

当一件件的小事完成以后，你会有成就感和收获感，焦虑就减轻了一点，这有助于你的心态平和，从而更好地投入下一步的提升。比如，在这个基础上每天再学习一小时专业课，或者每天写几页书稿。如果状态好，再加大任务量；如果觉得压力大，就退回一点，减少任务量，循序渐进。

不要对某个具体事情赋予过强的意义

人生要有目标，并且要对目标赋予意义，这是人之常情。但是这个目标切不可太过具体。太过具体，就会钻牛角尖，容易走火入魔。

如果你的目标是挑战自我，这没问题，因为挑战自我有太多事情可做了，可以去学外语、攀岩、练腹肌等。但如果你的挑战目标就只有登顶珠穆朗玛峰这个唯一选项，没有登顶就觉得这一辈子毫无意义，这就有问题。首先，珠穆朗玛峰极有可能登不上去，这会令人崩溃；其次，假如成功登顶了，你的人生目标就没有了，这容易陷入虚无。

所以我建议，不要把意义过多地放在一件具象的事情上。如果你认为"我这么多年的努力，就是为了某某目标，我的人生就指望它了"，很显然，你把这件具体的事情当成了救命稻草。然而我们都知道，稻草是抓不住的。

保持规律的健康生活

我是从瘦子慢慢长胖的，有一点很深的体会：人胖起来以后，"仰泳"真的无师自通。这提示我们要为自己的身体储存能量，关注自己的身体（如规律饮食、规律作息、规律锻炼），其实健康的身体也可以提升人的认知能力，帮助我们更好地实现目标。

如果你感到焦虑，又不想考虑工作、学习等有压力的事情，那去睡一觉，或者做力所能及的体育锻炼。比如，我自己高三压力最大的时候就选择去睡觉，睡醒了又是一条好汉。这样哪怕你再不作为，起码到最后还有好身体。只要活得够长，就一定能迎来转机。

希望我们现在经历的苦，若干年以后回想起来也是甜的。

我很快乐，因为我没有办法

作为一个以"治愈人心"自居的科普作者，有时候我感觉自己像是两只手在挠痒痒，一只手拼命挠 A 的胳肢窝，另一只手不断抠 B 的脚心。但很多时候，我却很难看到谁真正舒展了笑颜。询问一番之后，没有答案，只能吐槽、抱怨，到最后连抱怨也没有新鲜的，就只能枯坐叹气。

我经常对别人说，学心理学的人，在"怎么办"面前，有时候能做的真的很少。

我们最大的目标就是希望读者看到这些内容时能有片刻的治愈。所以就算面临压力和不快，我们也仍然希望文章里展现出来的是轻松与快乐。鹿老师曾经有一次在卫生间里哭了一个小时，之后又继续和读者插科打诨，兢兢业业地扮演好"搞笑女"的角色。朋友发来消息说："你们真的很棒，完全看不出刚刚受过那么大的委屈。"鹿老师回道："因为这是我自己的不快乐，不应该影响别人的情绪。"

物质生活再难，人总能不断向下兼容，努力地活着，可是心态如果崩了，人就很容易把自己赶进死胡同。

有一次，一位读者问我："老师，为什么您能一直保持情绪的平稳，而我的情绪就像个孩子一样不受控制？您会有压力吗，或者说您保持淡定的秘诀是什么？"

听到这样的疑问，我突然觉得，我们的文章其实不必避谈"不快乐"。我对他说："情绪不是一个熊孩子，它是我们的伙伴，有好的时候也有坏的时候，但它一直陪伴着我们。"

我怎么可能没有压力呢？

我曾经连续做同一个梦：梦到我身处一座沙子山的谷底，头顶是中午最毒的太阳，我拼尽全力往上攀爬，每踩一步，脚下的沙子就往下塌陷一块，好不容易爬到半山腰，整个人又随着沙子掉落下去，可是不往上爬，我可能就会被困在谷底。

鹿老师经常梦到在站台等地铁，地铁来了，喇叭里提醒"请小心站台空隙"，然后她就看到缝隙越变越大，她跨大步想要迈过去，结果"咔"的一声劈叉了，进退两难。

这些梦都反映了我们在现实生活中正在承受的压力，怎么处理这些压力或控制自己的负面情绪呢？我的做法是，不处理，接纳它。

焦虑有时候是一种蓄力，是技能前摇①，是拉弓的手臂。积攒了足够的压力，等到目标出现的时候，再松开弦，往往能一击即中。当你焦虑了很久却又无所事事的时候，不必惊慌，一旦你抓住了某个机会，一定会充满干劲。

一方面，我们可以接纳自己的焦虑。遇到压力产生焦虑，是人生的常态，是有益的技能，没有必要否定它、回避它；另一方面，千万不要在目标出现之前就用力过猛，绷断了弦。

岳云鹏在相声里说："虽然我挣得不多，住得也不好，但是我很快乐。为什么呢？因为我没有办法。"当初我们听到这里笑得前仰后合，现在才明白，这番话里藏着大智慧！

这并不是在任凭命运摆布。世界上的困境分为两种，一种是自己有办法改变的，另一种是没有办法改变的。面对自己可以控制的局面，我一直都不留遗憾地拼尽全力。但面对我没有办法左右的事情，实在不必占用太多的大脑细胞去纠结。因为担忧也无法带来向好的改变，倒不如节省认知资源，等待转机出现。

在压力最大的时候，在我们觉得怎么努力也无法改变困境或无法实现目标的时候，岳父在电话中安慰我们："年轻的时候我总觉得，人生如逆水行舟，不进则退。花了大半辈子的时

---

① 技能前摇：游戏术语。是指从发出攻击指令到英雄完成攻击动作的这个阶段。——编者注

间我才弄懂一个道理——人要顺势而为。当你处于逆境的时候，硬要逆流而上，可能会事倍功半，还耗尽了自己的心力，倒不如顺流而下，漂到哪儿算哪儿，保存实力，才能在顺境到来的时候厚积薄发。"

我们焦虑的根源在哪儿呢？在于"顺流而下"的结果是无法让人欣然接受的。我们无法知道如果任由自己一直向下漂流，将会堕落到什么样的地步。但逆流而上，带来的却是精神上的内耗。

大脑是人体最耗能的器官，即使身体处于静息状态，大脑消耗的能量仍占据整个身体的 20%~25%（而大脑重量却仅占体重的 2%）。一旦大脑飞速运转起来，能耗还将急剧上升。简单来说，让身体长时间处于亢奋状态是一件非常耗能的事儿。而长期精神内耗的结果就是，在转机到来之前人已经耗竭了。

所以我经常说，我们最好是躺平着努力，就像仰泳一样，不做无谓挣扎，但也不要放弃求生。一边放松，一边努力；一边保存体力，一边等待机会。

就像是梦里爬沙子山的我，如果把正在面临的困境想象成梦里的"毒日"，那我就是带着对毒日的恐惧做着无用功的爬山者，即使把自己累得精疲力竭，也无法前进半步。

"可是不往上爬，会被晒死啊！"梦中的我曾这样想。但是我现在突然领悟到，往上爬也有可能被晒死，倒不如找个阴凉处躺下，保存一点体力，等待一场雨的到来，只要撑过了这一阵就好了。如果一直跟自己内耗，体能和心力消耗得更快，可能在雨水到来前我就先体力不支了。

可能有人要问："如果雨水一直没来怎么办？"那么至少在离开这个世界的时候，保持了一个相对安详的状态。

虽然很难，但我仍然可以很快乐，因为我没有办法。

很多时候，读者向我提问或者看我们的文字，是寻求一个解决方案。但心理治疗的第一要义就是不提供具体方法和具体建议。我不能告诉你该怎么做，因为具体怎样做才有效是因人而异的，我们能提供的是一种思维方式。

至于提供思维方式的方法，各人又有各人的风格。比如，我们可能喜欢将生活中的例子，慢慢引申到一些理论上来，然后长篇大论地给读者分析。这种方式，有人很喜欢，有人却不吃这一套。

比如有人问我："我妈妈总喜欢贬低我，我唱歌她说难听，我买衣服她说难看，我做菜她说难吃。每次她这样我都无比愤怒，然后吵得不可开交。我该怎样和妈妈相处？"我说："你妈妈有没有可能是在用一种儿童式的自我中心的认知方式和你沟通呢？她认为别人的喜好都应该跟她一样，和她不一样的就是错的，而你又采用了他评式自我认知路径，以他人的评价来定义自己的价值，并为此苦恼和愤怒。"

我这一番理论分析，有的人可能不以为然："你这不就是说了一番正确的废话吗？说了半天我还是不知道该怎么做啊。"但这番话，对那位朋友却起了作用。

她说："我明白了我们行为背后的原因之后，突然就想通了。虽然您并没有指示我要怎么和妈妈相处，但我再遇到类似情形时，就不会再纠结于她那些伤害的话了。我好像突然打开了'上帝视角'，可以跳脱出当时的情绪，更能共情妈妈的心理。我没有直接去改变妈妈的行为，我只是改变了自己的思考模式，改变了认知和心态。在我可以心平气和地面对妈妈后，妈妈的态度也随之改变了，所有变化都像是悄然发生的一样。"

细细体会就能发现，对于某件事，你其实可以跳脱出当下的不良情绪，把交流汇聚在表达本身。如果了解了万事万物运行的规律，不仅不会生气，反而会释然。

世界上大部分的烦恼、困扰和焦虑，都是因为不了解世界运行背后的原理和规律。了解了，自然就不焦虑了。心理学不是虚无缥缈的"鸡汤文化"，而是科学化的理论系统。如果你陷入某种情绪无法自拔，可以利用这个系统，有逻辑地帮助自己跳脱出来，不掉入无意义的情绪陷阱。

当然，也不独心理学如此，我们阅读哲学、文学、经济学图书，很多理论知识听起来没有提供明确的解决方案，其实它们都在提供一种思路。因此，读者领悟到的是思维方式，而不是具体的操作步骤。

曾经有读者问我："老师，我读了很多大道理，却依然过不好这一生。阅读、思考确实让我明白了很多'为什么'，但知道了'为什么'之后，我还是想知道'怎么办'。"

我回答道："如果你知道'为什么'，渐渐地就会知道'怎么办'。如果你还是不知道'怎么办'，那也许你还没有真的领会'为什么'。当然，这是急不来的，可能在你思考了99次之后，第100次才会顿悟。"

当然，很多人仍然会觉得这是一句正确的废话。因为很多提问者已经预设好了一个剧本，但好的心理学工作者并不会顺着来访者的思路配合他的剧情往下演，而是给他一个启发："这个剧本，或许根本不存在呢。"

当你还没领会这番话的含义时，长篇理论对你来说可能确实不适用，因为你还在寻求具体的"办法"，还在想头痛医头，脚痛医脚。

比如在一些育儿问题上，很多家长都想听到"学会这一招，孩子肯听话"这样的答案，他们想的是如何能管住这个孩子。至于怎么管，请专家来给标准答案。

但我肯定给不出"聪明妈妈三步就搞定"这样的答案。我可能会给家长慢慢讲一大堆道理——"这就需要从儿童心理发展的客观规律说起"，有些人就会觉得我废话连篇。不理解的人看到那些话，也许会感觉这些理论都是正确而无用的，但懂的人会知道，我在用这种方式把你从牛角尖里拽出来。

你可能没有意识到，当你通过辩论、磋商等方式试图把他人也拽进你的牛角尖里，其实你是希望让别人体会你的苦衷，为你提供解决方案，或是安慰你、说服你，甚至是在你的逻辑里战胜别人。但本书不是这样的，我看似说了一番和你的实际困扰不沾边也不具体的东西，但其实是想帮助你走出那个死胡同。如果你可以跟着我走一段路，即使心里在嘀咕"这个人说这些废话到底干什么呢？"，再回头时可能会发现："咦，我怎么从牛角尖里出来了？"

每个人都在试着用不同的方式和世界相处，我的所感所想所言，也只是在提供另一种可能的解题思路，仅此而已。